몽골의 자생식물

Wild Plants of Mongolia

designpost

머리말

마음속에 염원하면 이루어진다 했을까? 늘 몽골의 초원을 꼭 한번 가보고 싶다는 간절함이 드디어 이루어졌다. 2013년 7월부터 3년간 몽골의 아름다운 초원과 산맥, 호수, 강변을 탐사할 기회가 주어졌다. 광활한 면적의 몽골 초원을 3년 만에 그것도 몇 차례의 탐사로 몽골식물 대부분을 조사하고 촬영한다는 것은 불가능한 일이다. 그렇기에 이 도감의 부족함은 다른 유능한 식물학자가 지속적으로 채워 줄 거라 기대하며 탐사하면서 조사했던 몽골야생식물 중 동정 가능한 수종들을 정리하여 감히 몽골 자생식물도감을 출간하게 되었다.

3년간에 걸쳐 조사한 지역으로는 먼저 2013년 7월과 8월중에 올랑곰(Ulaangom)지역을 방문하여 알타이산맥(Altai Nuruu), 항가이산맥(Khangai Nuruu)을 중심으로 인근에 있는 호수로는 하르우스호와 오브스호 그리고 몇몇의 소금호수 주변을 탐사할 수 있었고 울란바타르에서 동북쪽에 위치한 테를지 국립공원과 접근 도로 주변의 초원과 습지, 강 주변에 자생하는 식물들을 조사하였다.

2014년 6-8월에는 짚차를 이용하여 홉스굴(Khövsgöl Nuur)지역을 최종 목적지로 하고 이동 간 경유하는 지역의 초원에서 볼 수 있는 식물들과 울란바타르(Ulan Bator)인근의 허스타이국립공원 (Hustai National Park)에 자생하는 일부 종들을 함께 수록하였다. 2015년 7월에 고비사막을 탐사하면서 고비산맥과 사막에 자생하고 있는 식물과 울란바토르 북동쪽에 위치한 헨틴산맥(Hentai Nuruu)에 자생하는 일부 종들을 최종적으로 도감에 함께 수록하였다.

3년간의 탐사결과 중 최종적으로 총 67과 215속 9아종 3품종 334종류(Taxa)의 식물을 총659장의 사진과 함께 수록하였다. 그 중 일부 종들은 mongolian Red List(2011)에서 지정한 EN종(Endengered) *Gentiana algida*, *Juniperus sabina*, *Nuphar pumila*, *Nymphaea candida*, *Oxytropis mongolica*,

Saussurea involucrata, Saxifraga hirculus 7종과 VU종(Vulnerable) *Allium altaicum, Caryopteris mongolica, Corallorhiza trifida, Ephedra equisetina, Paeonia anomala, Rhodiola rosea, Rhododendron aureum* 등 7종을 함께 담을 수 있어서 그 의미가 특별하다 할 수 있겠다.

이렇게 도감이 만들어지기 까지 물심양면으로 후원해주신 아침고요수목원 한상경교수님과 이영자 원장님, 그리고 힘들고 고된 탐사에 함께 하며 동고동락 해 준 김경호, 남상준, 이두형, 조형준 동료들에게도 감사의 마음을 전합니다. 제대로 씻지도 편안히 잠자리에 들기도 힘든 탐사에 현지통역을 하느라 갖은 고생을 함께 해왔던 난디아교수, 에르카교수, 나라에게 탐사기간 내내 몽골초원을 맘껏 누리고 안전하게 일정을 마칠 수 있게 해준 공을 돌립니다. 또한 탐사기간 동안 많은 곳을 가이드 해 주고 몽골현지생활을 직접 경험할 수 있도록 애써주신 울랑곰의 도자우님과 그의 친구들 그리고 흡스굴에서 꽃호수를 보여주려 장거리의 험한 길을 마다하지 않고 달리다가 차가 고장 나 사흘 밤낮을 차와 시름해야했던 어트거와 그의 친구 엘트넷의 아름다운 우정. 몽골방문의 처음과 끝을 늘 주저함 없이 책임져 주었던 저리거의 헌신적 도움이 도감 발간의 큰 힘이 되었습니다.

도감 제작에 밤낮으로 힘 써주신 디자인포스트 김광규 사장님과 김은경 선생님, 더운 여름 말레이시아 교생 실습 중에도 원고 정리하느라 고생한 삼육대학교 원예학과 송윤진 학우, 도감의 학명오류를 바로잡아 주시기 위해 기꺼이 감수에 응해 주신 서울대학교 농업생명과학대학 산림과학부 장진성 교수님과 국립수목원 정재민 박사님께도 진심으로 감사의 마음을 전합니다.

부족한 남편! 부족한 아빠지만 항상 힘이 되어주는 이경애 여사와 큰딸 권하은, 둘째아들 권석훈, 늦둥이로 큰기쁨 주는 막내 권채은! 사랑한다 모두를!!!

2015년 10월
권용진

몽골의 지리 기후적 개관

몽골은 중앙아시아 고원에 위치한 국가로 중국과 러시아와 접경하고 있다. 전체 국토면적은 1,564,11ㅁ ㎢로 동경 87° 44′~119° 56′, 북위 41° 35′~52° 09′사이에 위치하며 동서길이는 2,392km, 남북길이는 1,259km 에 이르며 한반도 전체 면적의 7.5배에 달한다. 국토의 평균해발고도가 1,580m에 이르는 고원산악 국가로 수도인 울란바타르의 고도가 1,400m이며 가장 낮은 지역인 Nuh Nuur Depressionj이 해발 560m이다. 최고 높은 곳은 몽골알타이산맥에 위치한 후이퉁산으로 해발 4,374m에 이른다.

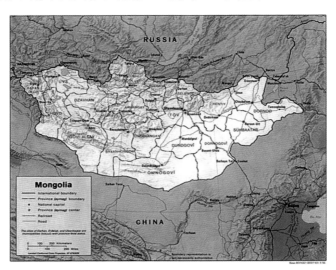

몽고의 생태권역

몽골 국토의 대부분은 사막과 사막스텝, 스텝으로 되어 있다. 생태권역은 크게 산림스텝지역, 산악스 텝, 반사막지역, 사막지역으로 구분된다. 산림스텝은 소나무와 자작나무류로 구성된 숲과 초원지대가 함 께 발달한 지역으로 주로 몽골북부에 해당한다. 산악스텝은 산림식생이 없이 다양한 식물종의 초원으로 만 이루어진 산악지대를 말하며 주로 알타이산맥의 고산지역에 해당한다. 반사막지역은 식생이 없는 지 역과 초지가 섞여 나타나는 사막과 초지의 경계에 해당하는 지역으로 사막스텝이 발달한다. 사막은 몽 골 국토면적의 30%를 차지하는데, 몽골의 사막은 모래사막이 아닌 적갈색의 암석퇴적물과 굵은 모래로 이루어 진 것이 특징이다. 남부의 대부분은 사막이 형성되어 있으며 초지와 산지는 북쪽에 주로 형성되 어 있다. 울란바타르를 중심으로 서쪽이 고지대이며 동남쪽은 저지대로 중앙아시아의 광활한 스텝지대 의 일부분을 이루고 있다.

산지는 크게 세부분으로 구분할 수 있는데 몽골알타이 산맥이 서쪽 국경을 이루며 너비 200~300km, 길 이 500km로 남동쪽방향으로 뻗어내려 온다. 이 지역은 몽골에서 가장 고지대로 평균고도가 2,260m이며 해발 3,500m 이상인 지역은 연중 만년설로 덮여 있다. 최고봉은 타왕보그드 울로 해발 4,370m에 이른다. 몽골알타이 산맥의 특이한 점은 해발 3,000~3,300m정도의 산악 정상부 평평하다는 것인데 이는 이 산지 이 최근의 융기 작용으로 인해 형성된 산지이기 때문이다. 몽골알타이는 몽골 중남부 지역으로 계속 이어져서 남부 사막지역을 관통하는데 이 산맥을 고비알타이 산맥이라고 하며 약 700km에 걸쳐 뻗어있다. 고비알타이는 몽골알타이와 형성과정이 약간 다르다고 생각되어지지만 주향-주상 단층작용으로 융기된 산 정상이 아직 평평하게 남아 있으며 반대로 함몰되어 저지대로 남아 있는 평지가 교차하여 특이한 형태의 지형을 이루고 있다.

중북부지역은 항가이 산맥이 몽골알타이 산맥과 같은 방향으로 발달하며 해발 3,000~4,021m의 산악지대를 중심으로 북쪽으로 서서히 고도가 낮아진다. 항가이 산맥 지역의 최고봉인 오트공텡게르 및 뭉크사리득에는 만년설이 분포한다. 흡스굴산지는 현재에도 계속 융기하고 있는 단구이며 산맥 좌우에 동서 방향으로 끄는 힘이 작용하여 모두 3개의 남북방향 단층이 형성되어 있는 데 그 중 한곳이 이미 물이 들어찬 흡스굴호수이다. 즉 흡스굴산지는 이들 단층사이에 위치한 단구로 시베리아 단구 및 단층호인 바이칼호수와 연결되어 있다. 힌티산맥은 울란바타르의 동북쪽에 발달한 산지로 해발 2,000~2,800m의 산악지역이다. 몽골은 지표수가 풍부한 지역으로 수 백 개의 호수들이 발달해 있는데 몽골알타이지역과 북부 항가이 지역, 몽골알타이산맥과 항가이-흡스굴산맥 사이의 저지대에 주로 분포하고 있다. 몽골알타이산맥과 항가이-흡스굴산맥 사이는 단층작용으로 형성된 지형으로 수많은 염수 및 담수 단층호가 분포하고 있으며 바다와 연결되지 않은 고립된 호수다. 가장 큰 호수는 염수호인 우브스 호스로 면적이 3,350㎢이며 흡스굴호수는 면적이 2,620㎢로 중앙아시아에서 가장 큰 담수호인데 전 지구 담수량의 2%를 보유하고 있다.

몽골의 기후 환경

몽골의 기후는 한랭건조한 대륙성기후로 강수량이 매우 적고 기온변화가 잦으며 기온차가 큰 것이 특징이다. 겨울은 춥고 맑으며 건조하여 거의 눈이 내리지 않는다. 여름은 따뜻하고 짧다. 겨울평균기온은 -26~-18℃이고, 여름평균기온은 17~23℃이다. 연간 강수량은 북부 산악지대는 350mm이고 고비사막은 100mm인데, 강수량의 3/4이 7~8월에 집중되어 있다 기후의 뚜렷한 특징은 해가 비치는 맑은 날이 많다는 것인데 연평균 220~260일 정도 된다.

몽골의 식생 및 식물상

몽골지역에서의 식물탐사 약사

19C 몽골지역 식물채집은 N.M. Przewalski, G.N. Potanin, D.A. Klementz와 E.N. Klementz 부부 등 주로 러시아 여행가들에 의해 이루어졌다. 전문적인 식물탐사는 ㅣ몽골이 중국으로부터 독립한 이후에 구소련과의 공동조사로 진행되었으며 특히 1920~1940년대는 구소련 과학자들이 많은 탐사를 실시하였다 이시기에 공동조사로 진행되었으며 특히 1920~1940년대는 구소련 과학자들이 많은 탐사를 실시하였다. 이시기에 활동한 채집가 중 A.A. Junatov는 1940~1947년 동안과 1949~1951년 동안에는 V.I. Grubov가 몽골과 공동탐사를 수행하였으며 결과물로 'Konspekt flory Mongol'skoy Narodnoy Respubliki'를 집필하였다. 1950~1960년대에는 몽골식물학자들이 독자적인 식물연구를 수행하였으며 1972년에는 몽골어로 된 689종의 식물의 검색표를 발간하게 된다.

1970년대는 소련-몽골 공동생물탐사를 수행하게 되며 식물분야는 V.I. Grubov가 단장이 되면서 수많은 미기록종과 신종을 발표하였다. 이와 같은 채집물은 코마로프식물연구소komarov Botanical Institute 표본관과 몽골과학원 식물연구원Institute of Botany, Mongolian Academy of Science표본관에 보관되어 있다.

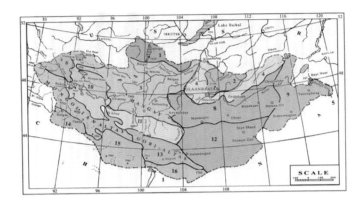

몽골의 식생대

현재까지 알려진 몽골의 관속식물은 대략 103과 599속 2,239종에 달한다. Grubov,1982. 이들 중에서 가장 많은 시굴이 분포하는 상위 11개 과로는 국화과 303종, 콩과 232종, 벼과 205종, 십자화과 117종, 사초과 109종, 장미과 101종, 미나리아재비과 93종, 명아주과 86종, 석죽과 74종, 현삼과 68종, 꿀풀과 67종이다, 이들 11개과가 차지하는 비중은 1,454종으로 전체 식물의 65%를 차지하며 특히 이 중에서도 식물종수가 많은 속은 Carex 80종, Oxytropis 78종, Artemisia 65종, Saussurea 42종, Salix 40종 등이다.

식물지리학적으로 몽골은 3개의 식물구계에 포함되어 있으며 특히 중앙아시아 식물아구 Central Asiatic Subregion내의 몽골구계Mongolian Province에 대부분 포함되어 있다Takhtajan. 1984. 중앙아시아 식물아구는 극단적인 기온과 건조로 인해 식물분포가 제한적이고 비교적 단일한데 생태형으로는 산악초지가 우세하고 다양한 형태의 사막 혹은 준사막 식생이 발달하는 것이 특징이다. 하지만 지역에 따라 향나무류, 잎갈나무류가 작은 숲을 이루어 자라기도 하며 혹은 빈약한 낙엽활엽수림이 발달하기도 한다. 몽골구계는 지리적으로는 몽골알타이산맥, 대호수분지, 호수의 계곡, 중부할흐지방, 동부 몽골, 고비알타이 산맥, 고비사막, 알라산 사막, 오르도스 고원, 차이담분지, 타클라마칸 사막, 타림-롭노르분지와 중국 Kansu성 북서부, Lanchow북부 지역을 포함하는 영역으로 몽골 중부의 Hangay산맥과 울란바타르 북쪽의 Hentei산악지역을 제외한 대부분이 몽골구계에 포함된다. 몽골구계의 특징은 비교적 원시적인 식물이 분포한다는 것이며 특히 *Ephedra przewalskii*, *Gymnocarpos przewalskii*, *Potaninia mongolica*, *Ammopiptanthus* sp., *Tetraena*, *Zygophyllum xanthoxylon*, *Nitraria sphaerocarpa*등 분류학적으로나 지리적으로 격리되어 있는 식물이 자란다. 몽골구계에 속하는 사막식생 및 반사막 식생의 특징적인 구성 식물은 *Anabasis brevifolia*, *Stipa gobica*, *S. glareosa*, *Salsola passerina*, *S. laricifolia*, *Artemisia* spp., *Sympegma regelii*, *Brachanthemum gobicum*, *Ajania* spp., *Haloxylon ammodendron*, *Kalidium gracile*, *Reaumuria songarica*, *R. kaschgarica*, *R. trigyna*, *Allium mongolicum*, *A. polyrhyzum*, *Ephedra przewalskii*, *Zygophyllum kaschgaricum*, *Nitraria sphaerocarpa*등이다.

몽골 북서부 산악지역과 중부의 항가이 고원지역, 바이칼호수 동나부의 산악지역은 알타이-사얀구계 및 중부시베리아구계에 속하며 120여종의 특산식물이 분포한다. 이 지역은 시베리아낙엽송 *Larix sibirica*의 순림이 발달하고 *Pinus sibirica*, *Abies sibirica* 등이 분포하는 등 시베리아 타이가 숲이 나타나고 있다. 몽골 북동부지역은 트랜스바이칼구계 Transbaikalian Province에 속하는데 이 지역은 Larix gmelinii가 주로 분포하며 곳곳에 쌍자엽 식물로 구성된 비옥한 초원이 발달한다.

한편 Grobov1982는 정치적 경계의 몽골을 중심으로 식생을 보다 자세하게 구분하였는데 16개의 지역으로 구분하였다.

몽골의 식생대 구분(Grubov, 1982)

홉스굴Khuvsugul : 강수량이 많아 시베리아잎갈나무의 숲이 형성되어 숲 가장자리와 하천 주변에는 주변에 습윤하고 종다양도가 높은 초원이 발달한다. *Allium, Saussurea, Gentiana, Adenophora, Aconitum, Delphinium* 등이 주로 많으며 부분적으로 *Carex*로 구성된 고산습지가 형성되는 곳도 있다. 습지내에는 *Pedicularis, Eriophorum, Parnassia* 등이 자란다. 관목으로는 *Betula* sp. *Lonicera, Salix* 등의 관목과 *Vaccinium uliginosum*, V. *vitis-idaea, Arctous erythrocarpa* 등의 소관목이 분포한다.

힌티Khentei ; 몽골 서북부에 해당하는 힌티산맥 지역은 *Larix sibirica*가 우점하는 숲이 형성되며 산정부 근은 노란만병초가 나타나고, 숲 내에는 *Rododendron, Saxifraga, Bergenia, Cypripedium, Paeonia, Lilium, Aconitum* 등 많은 식물이 자라고 있다.

항가이Khangai : 홉스굴의 남쪽에 위치하며 식생은 시베리아 식생에 가깝다. *Larix sibirica* 삼림이 우세하게 발달하며 간혹 *Picea obovata, Pinus sibirica*의 혼효림이 형성되기도 한다. 산림 가장자리에는 *Betula* sp. 숲이 나타난다.

몽골-다우르Mongol-Daurian : 몽골동북부에 위치하고 있으며 다우르초원을 형성하고 있다. 수림은 거의 벌채되었으며 일부지역에 *Pinus sylvestris*의 잔존림이 남아있고 자작나무림 혹은 *Betula platyphylla, B. daurica, Populus tremula, Alnus sibirica, Qurercus mongolica, Tilia mongolica, Biota orientalis*등의 혼효림이 분포하기도 한다. 이 지역에 분포하는 또 다른 수종으로는 *Populus laurifolia, Salix* spp., *Rhamnus arguta, Viburnum sargentii, Sorbus pohuashanensis, Cornus macrophylla, Ulmus propinqua, Ostryopsis davidiana, Acer ginnala, Armeniaca sibirica* 등이 있다.

대흥안령Great-Khingan : 대흥안령 산맥의 서사면과 이에 연결된 구릉지대로 산악스텝식생이다. 이 지역의 특징은 벼과 초원grass steppe: *Stipa grandis, S. baicalensis, Koeleria gracilis*, 쑥초원 *Artemisia* sp., *Filifolium sibiricum* 및 초지가 발달한다. 목본식물로는 야광나무, 귀룽나무, *Ulmus propinqua*등이 혼생하는 자작나무림*Berula manschurica*이 하천 주변에 발달한다. 대흥안령 산맥에 분포하는 수림대는 만주구계로 분리되어 있으며 따라서 이 지역에도 만주구게 식물분자가 많이 들어와 있다.

홉드Khobdo : 몽골알타이산맥의 북부에 해당하는 Khobdo강 수계와 우렉 호수Ureg Nurr의 수계를 포함하는 지역으로 고산정에는 만년설이 분포한다. 대표적인 식생은 건조하 구릉지대에 발달한 초지스텝인데 고도나 사면방향, 토양에 따라 다양한 식생형으로 발달한다. 산과 산 사이의 지역은 *Stipa glareosa, Stipa orientalis, Anabasis brevifolia, Chenopodium frutescens*를 주요 종으로 하는 사막스텝이다. 고지대에는 건조한 Kobresia사막 또는 Carex-Kobresia사막으로 된다. 수림은 거의 분포하지 않으며 Kharkkhira 및 Turgun 산의 북사면에 잎갈나무림이 일부 남아 있다.

몽골알타이Mongolian Altai : 몽골에 뻗어 있는 알타이산맥에 해당하는 지역이며 산악스텝형의 식생이 발달한다. 고지대는 Kobresia사막 혹은 Carex-Kobresia사막이며 *Deschampsia koelerioides, Trollius altaicus, Aconitum altaicum, Draba altaica, Sanguisorba alpina, Astragalus altaicus, Astragalus schanginianus, Astragalus sphaerocystis, Oxytropis altaica, Oxytropis ladyginii, Oxytropis martjanovii, Euphorbia alpina, Pedicularis altaica, Campanula altaica, Artemisia altaiensis*등 알타이 식물이 혼생하는 초지가 발달하기도 한다. 이 구역의 식생은 러시아와 접경하고 있는 북부지역에서 가장 풍부하고 밑으로 내려갈수록 빈약해진다. 몽골알타이에는 인접하고 잇는 Junggar Turanian구계의 영향으로 천산산맥의 고산식물이 일부 분포하기도 하며 향나무-잎갈나무 수림이 Khobdo강 상류 등지에 소규모로 발달한 경우도 있다. 산맥 바깥의 저지대는 사막스텝이 분포한다. 산맥 내부에 형성된 계곡 및 수계지경과 동남부 지역도 식생이 빈약한 편인데 전형적인 고비식물이 같이 자란다. 남동쪽에 위치한 Ai Bogd산맥의 남사면은 역시 Junggar-Turanian구계의 식물이 발견된다.

중부할흐Middle Khakha : 몽골중부의 평원과 화강암으로 이루어진 구릉지대로 건조한 스텝지역이다. 식물에 다라 여러 유형이 있으며 동부지역에는 *Artemisia-Cleistogenes squarrosa-Stipa sareptana*군집이 우세하며, *Cleistogenes squarrosa-Stipa sareptana*군집 *Artemisia-Stipa sareptana*군집, *Carex-Stipa sareptana*군

집, *Elymus-Stipa Sareptana*군집, *Allium-Stipa sareptana*군집도 분포한다. 저지대의 호수 및 하천변에는 *Achnatherum*을 주로 하는 초원이 형성되며 *Elymus dasystachys* 및 *Elymus chinensis*초원, 사초초원이 발달하는 지역도 있고 이와 더불어 전형적인 고비사막의 식물이 자라기도 한다.

9. 동몽골Eastern Mongolia : 소수의 종으로 구성된 군집이 광범위하게 분포하는 지역의 주요 구성종은 *Stipa sibiica*, *Stipa krylovii*, *Elymus sulcata*, *Poa attenuata* 등이다. 하천변에는 *Achnatherum*으로 구성된 스텝이 주로 발달한다. 일부지역에서는 만주구계의 식물이 들어와 진정한 초원을 형성하기도 한다. 주요 분포종은 *Stipa sibirica*, *Melica scabrosa*, *M. virgata*, *Allium odorum*, *Lilium tenuifolium*, *Hemerocallis minor*, *Thalictrum squarrosum*, *Paeonia lactiflora* 인데 *Salix*, *Caragana*, *Rosa* 등의 관목숲이 발달하기도 하며 북쪽일부에는 *Betula dahurica-Betula mandschurica-Populus tremula* 숲이 분포하기도 한다.

10. 대호저지The Great Lakes Depression : 알타이 산맥과 항가이Khangai산맥의 사이에 위치한 호수들을 포함하는 지역으로 지형이 복잡하다. 이 지역은 크게 세 부분으로 구분할 수 있는데 먼저 북쪽에 완전히 격리된 Uvs nurr호수를 중심으로 하는 해분과 중앙부의 대부분의 호수들을 포함하는 지역, 그리고 남부의 알타이산맥북부와 샤르가이고비Shargain Gobi를 포함하는 지역이다. 중앙부의 평지는 사막 식생이, 주변의 산지는 사막스텝식생이 발달한다. 호수주변에는 칼륨 또는 나트륨 성분이 축적된 알칼리성 습지와 갈대류 등이 흔하다. 하천변에는 Chee초원, Solonchak초원이 분포하고 버드나무류 관목숲이나 *Caragana spinosa* 와 *Caragana bungei*의 덤불이 형성되기도 한다. 북부의 Uvs호수 주변은 사막스텝과 사막이 발달하며 주요 분포종은 *Nanophyton erinaceum*과 *Artemisia maritima*인데 이들은 Junggar-Turanian구계의 대표적인 분자이다. 이 Junggar-Turanian구계식물의 분포는 과거에 이 지역이 Junggar-Turanian지역과 직접적으로 연결되어 있었음을 반증하는 것이며 몽골알타이의 북서부가 최근(신생대 4기)에 융기한 지형임을 암시한다. 지역에 따라 *Nanophyton erinaceum-Salsola passerina-Stipa krylovii*군집으로 된 초원이나 *Nanophyton erinaceum* 단일종으로 구성된 초원이 형성되기도 한다. *Populus pilosa*와 *P. laurifolia*는 하천의 암석퇴적지에 분포하고 *Betula microphylla*숲이나 *Larix-Carex* 등이 분포하는 지역도 있다.
남부의 샤르가이 고비지역은 고진에서는 *Allium-Stipa*군집, *Anabasis brevifolia-Stipa*군집이 분포하고 저지대는 *Anabasis brevifolia*로 구성된 사막이다. 사막중앙부는 염분이 많은 점토로 덮인 사막이며 수고 4m 정도로 자라는 *Haloxylon ammodendron*숲이 발달한다. 이 지역에서 하층식생을 구성하는 식물은 *Nitraria sibirica*, *Caragana leucophaea*, *Asterothamnus centraliasiatucus*, *Kalidium gracile*, *Eraumuri soongorica* 등이다.

11. 호수의 계곡Valley of Lakes ; 평지로 이루어진 사막 및 스텝지역으로 항가이 산맥과 몽골알타이산맥의 남부 및 고비알타이 사이에 위치한 저지대로 많은 호수들이 분포한다 북쪽은 완만하게 항가이 산맥으로 이어지는 반면 남쪽은 고비알타이 산맥 쪽으로 급경사를 이룬다. 서쪽은 몽골알타이 산맥의 지맥인 Khan-Taishiri산맥이 경계를 이루며 동쪽은 동부고비 평원으로 이어진다. 대부분의 지역이 *Allium-Stipa* 군집, *Cleistogenes squarrosa- Stipa*군집, *Anabasis brevifolia-Allium-Stipa*군집, *Stipa*군집, *Anabasis brevifolia-Stipa*군집, *Artemisia-Allium-Stipa* 군집으로 형성되며 특징종은 *Stipa gobica*, *Stipa glareosa*, *Allium polyrrhizum*, *Cleistogenes mutica*, *Anabasis brevifolia*군집, *Anabasis brevifolia- Salsola*군집이 발달하고 *Salsola passerina*, *Kalidium gracile* 등이 자란다. 항가이산맥쪽으로는 전이적인 식생이 발달하며 *Stipa krylovii* 군집, *Cleistogenes squarrosa- Stipa* 군집, *Artemisia frigida-Stipa* 군집 등이 발달한다. 동쪽의 모래사막과 호수주변의 모래퇴적층에는 *Caragana bungei*, *Hedysarum mongolicum*, *Artemisia arenaria*, *Psammochloa*등이 섞인 *Haloxylon ammodendron*수피 발달하기도 한다.

12. 동고비East Mongolia : 평범한 사막스텝지역으로 식생이 빈약하며 주로 초본-*Stipa* 군집, *Cleistogenes squarrosa-Stipa*군집, *Allium-Stipa* 군집의 스텝이 발달한다. 점토질~암석질 퇴적물로 형성된 저지대에는 *Anabasis brevifolia*, *Salsola passerina* 등이 자생한다. 구역의 남부지역에서는 암석과 모래로 구성된 토양이 흔하게 발견되는 데 이런 곳에는 *Potaninia mongolica*, *Brachantherum gobicum*, *Salsola arbuscula*, *Eurotia ceratoides* 등이 사막에 보편적으로 분포한다. 작은 사구에는 *Artemisia xanthochroa*, *A. xerophytica*, *Caragana bungei* 등이 분포한다. 점토질의 염습지에는 *Kalidium gracile*, *Reaumuria soongorica* 및 일년생 *Salsola* 등이 분포한다.

고비알타이Gobi-Altai : 높은 산지와 깊은 계곡으로 이루어진 산악지역으로 사막식생에 가깝다. 전체 산맥 중 Ih Bogd Uul과 Baga Bogd Uul에 만년설이 분포하며 나머지 지역은 건조하고 경사가 가파른 산지로 평균 800m 정도에 이른다. 산맥 바깥쪽의 하단부는 풍화된 암석 퇴적물이 넓고 평평한 단처럼 쌓여 있으며 산맥 내부에 하천바닥과 물길이 좁고 경사가 가파른 수많은 골짜기가 형성되어 있다. 고비 알타이 지역은 복잡한 지형으로 수많은 골짜기가 형성되어 있으며 다양한 식생형이 발달하고 식물상 또한 다양하다. 산맥바깥쪽으로 넓게 형성된 골짜기의 하상과 비교적 낮은 산지, 산맥의 남사면 일부는 사막식생이 발달한다. 주요 식생형은 *Stipa-glareosa*, *Stipa Gobica*, *Anabasis brevifolia*, *Allium pilyrrhizum*, *Allium mongolicum*, *Salsola passerina*의 군집이 흔하다. 북부지역에는 *Oxytropis aciphylla-Anabasis brevifolia-Stipa*군집, *Allium- Stipa*군집, *Stipa*군집으로 구성된 스텝이 발달한다 평지에는 *Kochia prostrata-Eurotia ceratoides*군집이 형성되고 남쪽의 산지는 Reaumuria, Potaninia mongolica 등의 스텝이 형성된다. 남동부 일부에는 *Nitraria sphaerocarpa*의 사막이 발달하고 모래가 퇴적된 사면과 암석으로 구성된 사면에는 *Caragana leucophloea, Amlygdalus pedunculata, Salsola arvuscula, Ephedra przewalskii* 및 *Eurotia ceratoides*가 분포한다. 저지대의 염분이 높은 지역에는 *Kalidium gracile, Reaumuria, Salsolan passerina* 등이 분포한다. 계곡부에 발달하는 소규모의 모래톱에는 *Artemisia arenaria, Artemisia xerophytica, Caragana bungei, Psammochloa villosa, Hedysarum mongolicum, Eurotia ceratoides*등의 식물이 자란다.

중가르고비Junggar Gobi, of Mongolia : 중가르고원을 포함하는 식물구계를 일컬으며 몽골내에서는 몽골아 이 서남부 지역과 Trans-Altai Gobi 일부지역이 중가르 고비에 속한다. 이 지역의 식생은 주로 *Artemisia terrae-albae*사막이며 단일종만 분포하거나 *Nanophyton erinaceum* 및 *Anabasis aphylla*와 혼생하여 분포하기도 하며 동부지역에서는 *Artemisia-Allium* 식생이 발달하기도 한다. 고지대에서는 *Festuca-Artemisa-Stipa*사 초원이 발달하며 *Nanophyton erinaceum, Anabasis brevifolia, Eurotia ceratoides* 등이 섞여 자라기도 한다.

트랜스알타이고비Transaltai Gobi : 고비의 서쪽에 해당되며 모래-자갈사막, 암석사막이 발달하는 지역으로 식생이 가장 빈약한 구역이다. 전형적인 중앙아시아 식물이 자란다. 이 구역의 북쪽경계는 몽골알타이 산맥과 고비알타이산맥이며 남쪽 경계는 Khesi계곡 및 Sulekhe강이다. 서쪽경계는 Aj Bogd산맥과 Karlyktag 산맥의 동쪽가장자리, Beishan의 동쪽끝을 돌아 Gashun Nurr의 남서쪽까지 이른다. 이 구역의 식생으로는 *Nitraria sphaerocarpa*관목 숲과 *Ephedra Przewalskii*가 서식하는 모래-자락사막, *Zygophyllum xanthoxylon, Z. aschgaricum* 등이 사막에 존재한다. 산복에 분포하는 용천수 주변과 큰 계곡의 입구에는 *Populus diversifolia, Elaeagnus moorcroftii, Tamarix ramosissima, Salix caspica, Garagana leucophloea, Calligonum mongolicum, Lycium ruthenicum, Nitraria, sibirica* 등이 자라는 관목숲tugis이 형성되거나 *Phragmites cmmunis, Lasiagrostis splendens, Sophora alopecuroides, Glycurrhiza uralensis, Alhagi sparsifolia, Poacynum hendersonii*를 주로 하는 초습초지가 조성된다. Beishan지역 중앙부의 고산지에는 *Picea asperata, Betula* sp. *Rhamnus* sp. *Spiraea* sp. 이 분포한다.

알라산 고비Alashan Gobi : 북쪽으로는 고비알타이 산맥, 서쪽은 백산 및 트랜스알타이 고비, 남쪽은 Khesi산맥, 동쪽은 Ordos평원을 경계로 하는 지역이다. 모래사막이 발달하며 북쪽, 북동쪽, 남쪽 가장자리에 Nitraria가 주로 자라는 전석사막, 혹은 모래-자갈사막이 발달한다. *Haloxylon ammodenddron*관목 숲이 우세하게 발달하며 바르한Barchan(초승달사구)에는 *Hedysarum mongolicum, H. scoparium, Altraphasis frutescens, Caragana microphylla, C. bungei, Psammochloa villosa, Pugionium cornutum, Agriophyllum arenarium* 등이 분포한다. *Artemisia sphaerocephala, Artemisia ordosica, Tamarix ramosissima, Nitraria sibirica* 등이 자라는 사구지역도 분포하며 모래-자갈사막에는 *Convolvuus gortschankovii, C. tragacanthoides. Zygophyllum brevifolia* 식생이 분포한다. (2010, 2011. 강우창)

차례

T

U

V

Z

일러두기

1. 이 책은 3년간 5차례의 몽골현지를 장기간 탐사하면서 조사된 몽골자생식물을 중심으로 수록하였다. 3년긴 조사된 수종은 미 동정된 수종을 제외하고 총 67과 215속 90아종 3품종 334종류(Taxa)의 식물을 총 659장 사진과 함께 수록하였다

2. 동정작업은 몽골식물의 사진과 표본을 검색할 수 있는 Virtual Flora of Mongolia (http://greif.uni-greifswald.d floragreif/)를 통해 사진 및 표본을 참고하였다.

3. 간편하게 참고 할 수 있도록 아이콘을 통해 일년생, 이년생, 다년생, 초본, 관목, 교목, 잎맥의 형태, 꽃의 형E 개화시기, 광조건과 토양 환경 등을 표기하였다.

4. 분포지표기 및 몽골 식생대구분도(Grubov, 1982)를 총 16개 지역으로 세분하여 표기하여 몽골 내에 자생 위치를 쉽게 알아볼 수 있도록 명시하였다.

5. 자생지의 환경에 대한 이해하기 돕고자 가급적 대상종을 중심으로 주변풍경을 함께 담았고 동정작업을 용이하 하고자 꽃, 잎, 줄기 등 특정 부위를 필요에 따라 근접촬영을 진행하였다.

6. 도감의 제작순서는 학명을 기준으로 하여 알파벳 A to Z순으로 편집하였으며 각 식물마다 사진과 설명의 분량0 차이가 있어 불가피하게 일부 순서가 바뀌어 편집되기도 하였다.

7. 학명기재 시 속명, 종명, 명명자순으로 기재하되 근거의 기준으로 RHS Plant Finder 및 IPNI (International Pla Name Index; www. ipni.org)를 우선적으로 채택하였으며, KPNI(국가표준식물목록)를 채택하여 국내에 분포 하며 몽골에 자생하는 일부 종들은 국명을 학명 앞에 표기하여 알아보기 쉽게 정리하였다.

8. 영문과명과 한글과명, 영문속명과 한글속명을 함께 표기하였으며 일부 한글과명과 한글속명이 없는 것들은 영 발음을 그대로 한글표기 하였다.

9. 식물전문가를 대상으로 하기보다는 몽골을 여행하고 몽골식물에 관심이 있는 일반인들을 대상으로 쉽고 편하게 접근할 수 있도록 난해한 용어를 가급적 제한하여 사용하였다.

10. 과별 분류 목록을 책 맨 후면에 첨부하여 종간 근연관계를 알아보기 쉽게 정리하여 수록하였다.

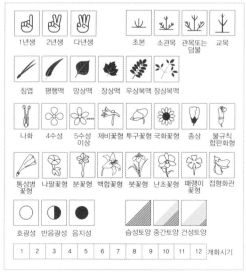

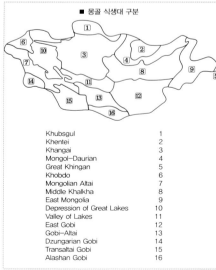

■ 몽골 식생대 구분

Khubsgul	1
Khentei	2
Khangai	3
Mongol-Daurian	4
Great Khingan	5
Khobdo	6
Mongolian Altai	7
Middle Khalkha	8
East Mongolia	9
Depression of Great Lakes	10
Valley of Lakes	11
East Gobi	12
Gobi-Altai	13
Dzungarian Gobi	14
Transaltai Gobi	15
Alashan Gobi	16

몽골의 자생식물

Wild Plants of Mongolia

저자_권용진 남상용 송윤진
감수_장진성 정재민

designpost

Achillea asiatica Serg.

과명: Asteraceae (국화과) 속명: *Achillea* (톱풀속)

다년생 초본 식물로 키는 18~60cm 정도 자라며 직립성이 강하다 잎은 선형 피침형, 선형 도피침형
이고 잎맥은 망상맥이다. 꽃은 7~9월 경 원추꽃차례로 피며 꽃의 모양은 국화꽃형으로 처음엔
분홍색으로 피고 꽃이 지면서 하얀색으로 변한다.

분포지: Khubsgul, Khentei, Mongol–Daurian, Great Khingan, Khobdo, Mongolian Altai,
East Mongolia, Depression of Great Lakes, Dzungarian Gobi

노랑투구꽃 *Aconitum barbatum* Patrin ex Pers.

과명: Ranunculaceae (미나리아재비과) **속명:** *Aconitum* (바꽃속)

다년생 초본 식물로 키는 55~90cm 정도 자란다. 잎은 아래로 내려갈수록 좁은 피침형이며 잎맥은
장상맥이다. 10~16cm 정도이다. 꽃은 7~8월 경에 노랑색을 띠며 투구꽃형으로 피는데 꽃의 크기는
16~24mm 정도 되며 아래서부터 위로 피어 올라간다. 자작나무숲 주변과 초원에 주로 자생한다.

분포지: Khubsgul, Khentei, Khangai, Mongol-Daurian, Khobdo, Mongolian Altai, Gobi-Altai

Aconitum chasmanthum Stapf ex Holmes

과명: Ranunculaceae (미나리아재비과) 속명: *Aconitum* (바꽃속)

다년생 초본으로 분류하며 건조한 지역에서 잘 자란다. 꽃은 나팔꽃형태로 피며 잎맥은 장상맥이고 잎은 가늘고 긴 선형이며 줄기의 상부 쪽으로 갈 수록 잎맥에 날카로운 가시가 발달한다. 꽃은 7월 경에 흰색 또는 연한 핑크색으로 핀다. 내몽골, 닝샤, 산시, 신장(카자흐스탄, 키르기즈스탄, 몽골, 러시아, 타지키스탄, 우즈베키스탄)등 에서 자생한다.

분포지: Khentei, Khangai, Mongol-Daurian, Great Khingan, Khobdo, Mongolian Altai, Middle Khalkha, East Mongolia, Depression of Great Lakes, Valley of Lakes, East Gobi, Gobi-Altai

Aconitum glandulosum Rapaics

과명: Ranunculaceae (미나리아재비과) 속명: *Aconitum* (바꽃속)

다년생 초본 식물로 키는 20~50cm 정도 자란다. 잎은 절개된 피침형이며 잎맥은 장상맥으로 6~9cm
이다. 총상꽃차례는 짧으며 꽃은 투구꽃형으로 약간의 털이 나며 청색을 띤 보라색으로 핀다. 개화기는
7~8월 경이다.

분포지: Khubsgul, Khentei, Khangai, Mongol–Daurian, Khobdo, Mongolian Altai, Dzungarian Gobi

Aconogonon angustifolium (Pall.) Hara

과명: Polygonacea (마디풀과) **속명:** *Aconogonon* (싱아속)

다년생 초본 식물로 키는 20~50cm 정도 직립하며 자란다. 전초에 털이 있으며 잎자루는 매우 짧거나 거의 없으며 잎맥은 망상맥이고 선형이다. 꽃은 5수성 이상으로 원추화서로 꽃이 피며 포엽은 난형이며 갈색을 띤다. 꽃색은 흰색 또는 유백색으로 7~8월 경에 핀다.

분포지: Khubsgul, Khentei, Khangai, Mongol-Daurian, Great Khingan, Mongolian Altai, Middle Khalkha, East Mongolia, Valley of Lakes, Gobi-Altai

Aconogonon sericeum (Pall.) Hara

과명: Polygonaceae (마디풀과) 속명: *Aconogonon* (싱아속)

다년생 초본 식물로 키는 30~70cm 정도 자란다. 식물체 전체에 잔털이 있으며 잎의 형태는 망상맥이며 장타원형으로 잎자루가 없다. 잎의 표면은 은회색을 띠며 꽃은 마디마다 꽃대가 신장하여 원추화서로 핀다. 꽃의 형태는 5수성 이상이며 꽃색은 미색으로 7~9월 까지 개화한다.

분포지: Khentei, Khangai, Mongol–Daurian, Middle Khalkha, East Mongolia

눈빛승마 *Actaea dahurica* (Turcz. ex Fisch. & C.A.Mey.) Franch.

과명: Ranunculaceae (미나리아재비과) **속명:** *Actaea* (노루삼속)

다년생 초본 식물로 크기는 1m까지 자란다. 줄기와 잎에 흰색의 털이 있으며 잎맥은 장상복맥으로 모양은 우산형 또는 손바닥모양으로 생겼다. 뿌리줄기의 표면은 검정색이다. 꽃은 5수성 이상으로 7~8월 경 총상으로 흰색의 꽃이 아래에서 위로 피어 올라간다.

분포지: Khentei, Great Khingan

Adenophora stenanthina (Ledeb.) Kitag.

과명: Campanulaceae (초롱꽃과) 속명: *Adenophora* (잔대속)

다년생 초본 식물로 키는 40~120cm 정도 자란다. 잎맥은 망상맥이고 근생엽은 심장형을 가장자리에는 불규칙한 거치가 있고 경생엽의 모양은 실모양에서 넓은 원형 혹은 난형이다. 길이는 2~10cm이며 너비는 1~12mm이고 가시모양의 날카로운 톱니가 드문드문 난다. 화서는 원추화서를 이루고 화관은 5갈래로 얇게 갈라지며 아래 방향으로 꽃이 핀다. 꽃받침은 도란형, 타원형 또는 종형이고 털이 자라고 송곳 모양이다. 화관은 진한 파란색, 파란색, 보라색, 자주색이고 10~17×5~8mm 정도의 관 종형이고 털이 나 있다. 크기는 1.8~2.2 cm이고 개화 시기는 7월경이다.

분포지: Khubsgul, Khentei, Khangai, Mongol-Daurian, Great Khingan, Middle Khalkha, East Mongolia

왜방풍 *Aegopodium alpestre* Ledeb.

과명: Apiaceae (산형과) **속명:** *Aegopodium* (왜방풍속)

다년생 초본 식물로 키는 30~100cm 정도이다. 얇고 긴 뿌리줄기에서 섬유질의 뿌리가 자란다. 잎자루는 5~13cm이고 잎은 장상복맥으로 2회 3출겹 잎으로 최종갈래는 좁은 난형으로 끝에 뾰족하고 불규칙한 톱니가 있거나 3갈래로 갈라진다. 꽃은 5수성 이상으로 흰색의 겹산형화서이며 개화시기는 6~7월 경이고 열매는 난형 또는 긴 타원형으로 능선이 가늘고 유관이 없다.

분포지: Khubsgul, Khentei, Khangai, Mongol-Daurian, Great Khingan, Gobi-Altai

Agriophyllum squarrosum Moq.

과명: Chenopodiaceae (명아주과) 속명: *Agriophyllum* (아그리오필룸속)

다년생 초본 식물로 잎과 식물체 전체에 잔털로 덮여 있으며 키는 15~50cm 정도 자라며 직립한다. 잎은 피침형으로 잎자루가 거의 없으며 잎맥은 평행맥이다. 꽃은 5수성 이상으로 상부의 작은 잎 사이에서 여러 개의 가시가 돋은 것처럼 핀다.

분포지: Khobdo, Middle Khalkha, East Mongolia, Depression of Great Lakes, Valley of Lakes, East Gobi, Gobi-Altai, Dzungarian Gobi, Transaltai Gobi, Alashan Gobi

Agropyron cristatum (L.) Gaertn.

과명: Poaceae (벼과) **속명:** *Agropyron* (개밀속)

다년생 초본 식물로 크기는 20~60cm이고 보통 드물게 털이 자란다. 잎은 평행맥으로 선형 또는 선형 피침형이다. 꽃대가 장방형으로 매우 촘촘하고 작다. 꽃은 나화형이고 이삭은 타원형이며 8~15mm 정도 되고 포영은 난형으로 3~5mm이며 까끄라기는 3~4mm의 크기이다. 개화 시기는 8~9월 경이다.

분포지: Khubsgul, Khentei, Khangai, Mongol-Daurian, Great Khingan, Khobdo, Mongolian Altai, Middle Khalkha, East Mongolia, Depression of Great Lakes, Valley of Lakes, East Gobi, Gobi-Altai, Dzungarian Gobi, Transaltai Gobi, Alashan Gobi

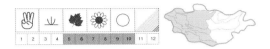

Ajania fruticulosa (Ledeb.) Poljakov Bot. Mater. Gerb.
Bot. Inst. Komarova Akad. Nauk S.S.S.R.

과명: Asteraceae (국화과) 속명: *Ajania* (솔인진속)
다년생 초본성 식물이며 크기는 8~40cm이다. 잎맥은 장상맥으로 잎사귀는 공 모양, 삼각형 달걀
모양이며 0.5~3×1~2.5cm이다. 약 2mm의 국화꽃형의 작은 꽃이 모여서 피고 5월부터 10월까지
개화한다.

분포지: Khangai, Khobdo, Mongolian Altai, Depression of Great Lakes, Valley of Lakes, East Gobi,
    Gobi-Altai, Dzungarian Gobi, Transaltai Gobi, Alashan Gobi

Ajania trifida (Turcz.) Tzvel.

과명: Asteraceae (국화과) 속명: *Ajania* (솔인진속)

다년생 초본 식물이며 크기는 20cm이고 꽃이 길고 얇으며 회색 또는 흰색이다. 잎맥은 장상맥이고 잎사귀는 짧은 선형 또는 장방형의 선형이다. 꽃은 국화꽃형으로 노란색의 화관을 가지고 있고 6~8월 사이에 원추 꽃차례로 개화한다. 꽃자루는 0.2~1.5cm이고 총포는 좁으며 난형 또는 타원형이다.

분포지: Khangai, Middle Khalkha, East Mongolia, Valley of Lakes, East Gobi, Gobi–Altai, Alashan Gobi

Alchemilla pavlovii Juz.

과명: Rosaceae (장미과) 속명: *Alchemilla* (알케밀라속)

다년생 초본 식물로 높이 60cm 정도 자란다. 잎맥은 장상맥이며 잎모양은 심장형으로 가장자리는 파상으로 갈라져 있다. 잎 표면에는 부드러운 털이 조밀하게 난다. 꽃은 5수성 이상으로 작고 녹색을 띤 노란색 꽃이 6~8월 경 산방화서로 핀다.

분포지: Khentei, Khangai

Allium altaicum Pall.

과명: Alliaceae (부추과) 속명: *Allium* (부추속)
다년생 초본 식물로 키는 25~80cm까지 자라며 잎맥은 평행맥으로 원통형으로 생겼으며 꽃은 5수성 이
상으로 많은 꽃이 함께 피어 공형을 이룬다. 개화기는 6~7월 경이다.

분포지: Khubsgul, Khentei, Khangai, Khobdo, Mongolian Altai, Middle Khalkha,
　　　　Depression of Great Lakes, Gobi‒Altai, Dzungarian Gobi

Allium anisopodium Ledeb.

과명: Alliaceae (부추과) 속명: *Allium* (부추속)

다년생 초본 식물이며 크기는 15~35cm에 달한다. 잎맥은 평행맥으로 잎 모양은 선형 또는 피침형
으로 생겼다. 꽃은 5수성 이상으로 산형화서형태의 반구형으로 6~8월 경 피며 소화경은 꽃 덮개보다
1.5배 정도 크다. 꽃 덮개는 보랏빛의 적색, 엷은 보라색이다.

분포지: Khentei, Khangai, Mongol–Daurian, Great Khingan, Khobdo, Mongolian Altai,
　　　　Middle Khalkha, East Mongolia, Depression of Great Lakes, Valley of Lakes,
　　　　East Gobi, Gobi–Altai

Allium atrosanguineum Schrenk

과명: Alliaceae (부추과) 속명: *Allium* (부추속)

다년생 초본 식물로 크기는 10~60cm에 달한다. 잎맥은 평행맥으로 선형 또는 피침형을 띤다. 꽃은 5수성 이상으로 산형화서형태의 구형모양으로 7~8월 경 짙은 적색을 띈 보라색의 꽃이 핀다.

분포지: Khubsgul, Khentei, Khobdo, Mongolian Altai

Allium mongolicum Turcz. ex Regel

과명: Alliaceae (부추과) 속명: *Allium* (부추속)

다년생 초본 식물로 크기는 10~60cm 에 달한다. 잎맥은 평행맥으로 선형 또는 피침형을 띤다. 꽃은 5수성 이상으로 산형화서형태의 구형모양으로 7~8월 경 짙은 적색을 띤 보라색의 꽃이 핀다.

분포지: Khubsgul, Khentei, Khobdo, Mongolian Altai

Allium schoenoprasum L.

과명: Alliaceae (부추과) **속명:** *Allium* (부추속)

다년생 초본 식물이며 크기는 12~50cm에 달한다. 인경의 크기는 0.5~1cm 정도 이며 난형 또는 원통형으로 생겼다. 잎맥은 평행맥으로 선형 또는 피침형으로 생겼다. 꽃은 5수성 이상으로 산형화 서형태로 많은 꽃이 밀집하여 7~8월 경에 피고 꽃덮개는 보라색과 적색빛을 띤다. 잎은 부채꼴이며 폭은 2~8mm이고 전초의 크기에 비해 잎 길이는 짧은 편이다.

분포지: Khubsgul, Khentei, Khangai, Mongol-Daurian, Great Khingan, Khobdo, Mongolian Altai, Depression of Great Lakes

부추 *Allium tuberosum* Rottl. ex Spreng.

과명: Alliaceae (부추과) 속명: *Allium* (부추속)

다년생 초본 식물로 키는 30~40cm 정도 자란다. 잎은 평행맥으로 선형 또는 피침형이고 꽃은 5수성 이상
으로 흰색을 띠며 개화기는 6~8월 경이다. 몽골지역 대부분의 산과 들에 넓게 분포한다.

분포지: Khangai, Khobdo, Mongolian Altai, Depression of Great Lakes, Valley of Lakes,
        East Gobi, Gobi−Altai, Dzungarian Gobi, Transaltai Gobi, Alashan Gobi

Alyssum obovatum (C. A. Mey.) Turcz.

과명: Brassicaceae (십자화과) 속명: *Alyssum* (꽃냉이속)

다년생 초본 식물로 크기는 7~15cm에 달한다. 잎맥은 망상맥이며 형태는 도피침형, 도란형, 주걱형이며 길이 0.6~1.4cm, 폭 1~2mm정도이다. 꽃은 4수성으로 원추 꽃차례로 산방형으로 피며 자실소화경이 두 갈래로 갈라진다. 꽃이 진 후 둥근형태의 종자가 달린다. 해발 500~1,500m에 주로 자생하며 개화기는 7~8월 경이다.

분포지: Khubsgul, Khentei, Khangai, Mongol–Daurian, Great Khingan, Khobdo, Mongolian Altai, Middle Khalkha, East Mongolia, Depression of Great Lakes

Alyssum tenuifolium Stephan ex Willd.

과명: Brassicaceae (십자화과) 속명: *Alyssum* (꽃냉이속)

1년생 또는 2년생 초본 식물로 키는 3~10cm 정도 자라고 전초에 털이 많으며 은녹색을 띤다. 로젯트 형태로 자라다가 꽃대가 신장하여 꽃줄기 꼭대기에 여러 개의 꽃송이가 달린다. 잎맥은 망상맥으로 선형 또는 피침형이다. 꽃은 4수성으로 흰색 또는 미색의 꽃이 6~7월 경에 핀다.

분포지: Khentei, Khangai, Mongol−Daurian, Great Khingan, Khobdo, Mongolian Altai, Middle Khalkha, East Mongolia, Depression of Great Lakes, East Gobi, Gobi−Altai, Dzungarian Gobi, Transaltai Gobi

Anabasis brevifolia C. A. Mey.

과명: Chenopodiaceae (명아주과) 속명: *Anabasis* (아나바시스속)
다년생으로 반관목으로 키는 5~20cm 정도 자란다. 전초는 어두운 갈색 또는 회갈색을 띤다. 잎은 망상맥
으로 피침형으로 생겼으며 마디에 짧게 나 있다. 꽃은 마디의 잎 기부에서 피여 5수성 이상이고 개화기는
7~8월 경이다.

분포지: Khangai, Khobdo, Mongoliam Altai, Depresion of Great hakes Valley of Lakes Zast Gobi,
    Gobi—Alta, Dzungarian Gobi, Ttansahai Gobi, Alashan Gobi

| 1 | 2 | 3 | 4 | 5 | 6 | 7 | 8 | 9 | 10 | 11 | 12 |

Androsace fedtschenkoi Ovcz.

과명: Primulaceae (앵초과) **속명:** *Androsace* (봄맞이속)

1년생 또는 2년생 무경 초본으로 크기는 8~10cm에 달한다. 로젯형의 근생엽은 주름이 많으며 추대한 줄기 끝에 흰색의 꽃들이 분지하여 핀다. 줄기 전체에 털이 나 있으며 주근이 명확하지 않고 여러 개의 뿌리가 있다. 잎맥은 망상맥이며 꽃은 5수성 이상으로 우산형으로 6~7월 경 피며 꽃이 진후 종자는 갈색을 띠며 익는다.

분포지: Khubsgul, Khobdo, Mongolian Altai, Gobi-Altai

Androsace maxima L.

과명: Primulaceae (앵초과) 속명: *Androsace* (봄맞이속)

1년생 초본 식물로 크기는 2~7.5cm이고 많은 꽃이 달리는게 특징이다. 잎맥은 망상맥이며 잎 모양은 좁은 도란형에 타원형 또는 도피침형으로 5~15장 정도 된다. 꽃은 5수성 이상으로 우산형으로 3~4mm 정도의 크기로 흰색 또는 분홍색의 둥근 직사각형 화관이 자라며 꽃받침은 3~4mm이나 열매는 9mm 정도로 크다. 개화기는 7월 경이며 초원, 자갈슬로프, 모래 대초원등에 주로 자생한다.

분포지: Khentei, Khangai, Mongol-Daurian, Khobdo, Mongolian Altai, Middle Khalkha, East Mongolia, Depression of Great Lakes, Gobi-Altai, Dzungarian Gobi, Transaltai Gobi

명천봄맞이 *Androsace septentrionalis* L.

과명: Primulaceae (앵초과) 속명: *Androsace* (봄맞이속)

2년생 초본 식물로 크기는 10~15cm에 달한다. 좁은 잎이 로젯형의 식물체에 달리며 햇살이 좋은 건조한 땅에서 자란다. 잎은 망상맥형으로 길이가 0.4~1.5cm이고 심장형으로 연한 녹색이며 가장자리 에는 둔한 이 모양의 톱니가 있다. 꽃은 5수성 이상으로 흰색으로 가운데는 노란색을 띠며 꽃줄기 끝에 약 4~10송이 가량의 꽃이 달린다. 개화기는 6~7월 경이다.

분포지: Khubsgu, Khentei, Khangai, Mongol–Daurian, Khobdo, Mongolian Altai, East Mongolia, Dzungarian Gobi

Androsace villosa var. *incana* (Lam.) Duby

과명: Primulaceae (앵초과) 속명: *Androsace* (봄맞이속)

다년생 초본 식물로 키는 1.5~3cm 정도 자라며 잎은 망상맥이며 근생엽은 타원형 또는 선형이며 전초에 잔
털이 있다. 꽃은 5수성 이상으로 흰색에 분홍 또는 보라색이 들어 있다. 개화기는 6~7월 경이다.

분포지: Khubsgul, Khentei, Khangai, Khobdo, Mongolian Altai, East Mongolia

Anemone crinita Juz.

과명: Ranunculaceae (미나리아재비과) 속명: *Anemone* (바람꽃속)

다년생 초본 식물로 키는 40cm 정도 자란다. 전초에 흰색 긴 털이 나며 잎맥은 장상맥으로 잎자루는 길고 잎몸은 세 갈래로 갈라지고 한줄기에 3~5개의 5수성의 흰색 꽃이 6~7월 경 개화하며 꽃의 지름은 약 3cm 정도 된다. 꽃자루에 4개의 잎이 자라며 흰색 혹은 노란색 꽃 덮개를 가지고 있다. 열매는 수과로 타원형으로 편평하며 지름이 6~9mm에 달한다. 낙엽송 숲, 숲 초원과 그 주변, 초원의 경사지, 물가주변, 키 작은 자작나무 덤불, 고산초원, 툰드라 지대의 개울 주변에 주로 자생한다.

분포지: Khubsgul, Khentei, Khangai, Mongol–Daurian, Mongolian Altai

Angelica archangelica subsp. *decurrens* (Ledeb.) Kuvaev

과명: Apiaceae (산형과) 속명: *Angelica* (당귀속)

2년 또는 3년 정도 생육하는 초본성 식물로 높이 1~2m 정도 자란다. 윗부분의 가지는 갈라지고 뿌리가 굵다. 밑 부분의 잎은 장상복맥형으로 엽병이 길고 3개씩 2~3회 우상으로 갈라진다. 윗부분의 잎은 작고 엽병이 굵어져 도란형, 긴 타원형으로 된다. 꽃은 5수성이상으로 큰 산형화서형태로 직경은 5~10cm 정도 된다.

분포지: Khubsgul, Khentei, Khangai, Khobdo, Mongolian Altai, Dzungarian Gobi

Angelica tenuifolia (Pall. ex Spreng.) Pimenov

과명: Apiaceae(산형과) 속명: *Angelica* (당귀속)

2~3년 생육하는 초본 식물로 높이 1~2m 정도 자란다. 윗부분의 가지는 갈라지고 뿌리가 굵다. 아래 부분의 잎은 장상복맥형으로 엽병이 길고 3개씩 2~3회 우상으로 갈라진다. 윗부분의 잎은 작고 엽병이 굵어져 도란형, 긴 타원형으로 된다. 꽃은 5수성 이상으로 여러 송이가 모여 큰 산형화서형태로 피며 개화기는 7~8월 경이다.

분포지: Khubsgul, Khentei, Khangai, Mongol-Daurian, Khobdo, Mongolian Altai, Middle Khalkha, Depression of Great Lakes

고본 *Angelica tenuissima* Nakai

과명: Apiaceae (산형과) **속명**: *Ligusticum* (기름당귀속)

다년생 초본 식물로 키는 60~80cm 정도이고 속은 비어있다. 뿌리는 굵고 밤색을 띠며 향기가 나고 잎맥은 장상복맥으로 어긋나게 붙고 긴 잎꼭지가 있다. 잎몸은 2~3번 깃털모양으로 가늘게 갈라진 겹잎으로 나타나고 쪽잎은 가는 띠 모양이며 잎 변두리는 매끈하다. 꽃은 5수성 이상으로 8~9월에 흰색의 꽃이 개화하며 납작한 타원형의 열매가 맺힌다.

분포지: Khobdo, Mongolian Altai

백두산떡쑥 *Antennaria dioica* (L.) Gaertn.

과명: Asteraceae (국화과) **속명:** *Antennaria* (떡쑥속)

다년생 초본 식물로 키는 3~10cm 정도 자란다. 잎맥은 망상맥이며 주걱모양으로 생겼으며 꽃은 국화꽃형으로 여러 개의 꽃송이가 모여 피기로 난다. 개화기는 8월 경이다.

분포지: Khubsgul, Khentei, Khangai, Mongol–Daurian, Mongolian Altai

Aquilegia sibirica Lam.

과명: Ranunculaceae (미나리아재비과) **속명:** *Aquilegia* (매발톱속)

다년생 초본 식물로 크기는 25~70cm이고 1,600~2,000m의 고지대 강가에서 서식한다. 1~3회 정도 줄기가 분지하며 잎자루는 5.5~20cm이고 털이 있다. 잎맥은 장상복맥형태로 회녹색을 띠며 꽃은 5수성 이상으로 크기는 5~7cm로 흰색 또는 옅은 크림색의 꽃잎이 중앙부에 들어가며 주변은 하늘색을 띤다. 개화 시기는 6~7월 경이며 주로 습하거나 반 그늘진 곳에서 자생한다.

분포지: Khubsgul, Khentei, Khangai, Mongol–Daurian, Khobdo, Mongolian Altai

Aquilegia viridiflora Pall

과명: Ranunculaceae (미나리아재비과) 속명: *Aquilegia* (매발톱속)
다년생 초본 식물로 키는 15~50cm 정도 자란다. 잎맥은 장상복맥이며 꽃은 5수성으로 꽃받침 잎과
꽃잎은 황록색 또는 어두운 보라색을 띠며 7~8월 경에 핀다.

분포지: Khentei, Khangai, Mongol–Daurian, Mongolian Altai, Middle Khalkha, East Mongolia,
　　　　Depression of Great Lakes, East Gobi, Gobi–Altai

Arctous alpina (L.) Nied.

과명: Ericaceae (진달래과) **속명:** *Arctous* (홍월귤속)

다년생 관목 또는 아관목 식물로 높이 5~6cm이다. 잎은 가지 끝에 모여 난다. 잎맥은 망상맥 형태이며 잎 몸은 도란형 또는 도피침형으로 가장자리에 둥근 톱니가 있다. 꽃은 종형으로 5~6월 경에 피며 줄기 끝에 2~3개가 총상꽃차례로 달리며 노란색이다. 화관은 단지 모양이며 끝이 4~5갈래로 갈라진다. 열매는 적색의 둥근 공형으로 생겼다.

분포지: Khubsgul, Khangai, Khobdo, Depression of Great Lakes

Arenaria montana L.

과명: Caryophyllaceae (석죽과) 속명: *Arenaria* (벼룩이자리속)

다년생 초본 식물로 키는 5~10cm 정도 자라며 잎맥은 망상맥으로 마주난다. 꽃은 5수성 이상으로 흰색으로 피며 개화기는 6~7월 경이다.

분포지: Khangai, Mongol–Daurian, Khobdo, Mongolian Altai, Depression of Great Lakes, Gobi–Altai

Arnebia guttata Bunge

과명: Boraginaceae (지치과) 속명: *Arnebia* (아르네비아속)

2년생 또는 다년생 초본 식물로 크기 10~25cm에 달한다. 뿌리는 보라색 염료의 재료가 되며 고비 사막 등 건조한 지역에서 자란다. 보통 2~4가지의 줄기가 자라지만 드물게 한 가지로 자란다. 잎맥은 망상맥형이고 꽃은 분꽃형의 작은 꽃들이 취산화서로 피며 화관은 노란색에 짙은 갈색의 점이 잎이 움푹 들어 간 지점마다 있으며 개화 시기는 6~10월 경이다.

분포지: Khangai, Mongolian Altai, Depression of Great Lakes, Valley of Lakes, East Gobi, Gobi–Altai, Dzungarian Gobi, Transaltai Gobi, Alashan Gobi

Artemisia macrocephala Jacq. ex Bess.

과명: Asteraceae (국화과) 속명: *Artemisia* (쑥속)

다년생 초본 식물로 크기는 10~30cm이고 생육기에 무성하게 자란다. 보통은 분지하지 않는데 줄기가 분지 할 때도 있다. 잎자루는 5~12mm이며 잎맥은 망상맥 형태로 모양은 난형 또는 둥근 난형으로 폭은 2~4cm 정도 된다. 꽃은 국화꽃형으로 6~8월 경에 핀다.

분포지: Khubsgul, Khentei, Khangai, Mongol-Daurian, Khobdo, Mongolian Altai, Middle Khalkha, East Mongolia, Depression of Great Lakes, Valley of Lakes, East Gobi, Gobi-Altai, Dzungarian Gobi, Transaltai Gobi, Alashan Gobi

구와쑥 *Artemisia tanacetifolia* L.

과명: Asteraceaem (국화과) **속명:** *Artemisia* (쑥속)

다년생 초본 식물로 크기는 50~70cm이다. 뿌리줄기는 가로로 비스듬히 분기하며 잎자루는 3~12mm 이고 잎사귀는 타원형, 장방형 또는 타원형이며 잎맥은 망상맥이며 꽃은 국화꽃형으로 노란색의 작은 꽃 은 7~10월 사이에 핀다.

분포지: Khubsgul, Khentei, Khangai, Mongol–Daurian, Great Khingan, Khobdo, Mongolian Altai, Middle Khalkha, East Mongolia, Depression of Great Lakes, Dzungarian Gobi

Askellia flexuosa (Ledeb.) W. A. Weber

과명: Asteraceae (국화과) 속명: *Askellia* (아스켈리아속)

다년생 초본 식물로 크기는 3~30cm 정도 자란다. 전초가 흰빛을 띤 녹색으로 잎은 도피침형, 난형, 타원형, 피침형에 가깝다. 잎맥은 망상맥이며 꽃은 국화꽃형태로 7~8월 경 피며 수과는 밝은 갈색이다.

분포지: Khubsgul, Khangai, Great Khingan, Khobdo, Mongolian Altai Middle Khalkha, East Mongolia, Depression of Great Lakes, Valley of Lakes, Gobi–Altai, Transaltai Gobi

Asterothamnus heteropappoides Novopokr.

과명: Asteraceae (국화과) **속명:** *Asterothamnus* (아스테로탐누스속)

다년생 관목 또는 아관목, 유사관목으로 높이는 8~15cm에 달한다. 하얀색의 털이 나며 뿌리 가까이에서 여러 개로 가지가 분지하며 분지된 가지도 짧게 자란다. 잎맥은 망상맥 형태이며 꽃은 국화꽃 형태로 연한 보라색을 띠며 7~8월 경에 꽃을 피운다. 뿌리 가까운 줄기는 목질화 되며 뿌리는 직근성이다.

분포지: Khobdo, Mongolian Altai, Depression of Great Lakes, Dzungarian Gobi

Aster alpinus L.

과명: Asteraceae (국화과) 속명: *Aster* (국화속)
다년생 초본 식물로 크기는 10~35cm이고 꽃은 국화꽃형으로 가장자리의 설상화는 보라색 또는
적색을 띤 보라색을 띠며 두상화는 노란색으로 7~9월 경에 핀다. 잎맥은 망상맥으로 장타원형이
고 위로 올라 갈 수록 가는 선형에 가깝다. 식물체 전체에 잔털이 있다.

분포지: Khubsgul, Khentei, Khangai, Mongol-Daurian, Great Khingan, Khobdo, Mongolian Altai,
        Middle Khalkha, East Mongolia, Depression of Great Lakes, Gobi-Altai

Astragalus laxmannii Jacq.

과명: Fabaceae (콩과) 속명: *Astragalus* (황기속)

다년생 초본 식물로 키는 10~60cm 정도 자란다. 줄기는 직립하며 줄기에 드문드문 털이 있다. 잎맥은 우상복맥으로 복엽 잎자루에 소엽이 6~16 쌍 정도가 대생한다. 꽃은 접형화관으로 작은 꽃이 여러 개 모여 둥근 공형으로 피며 꽃 색은 연한 보라 또는 핑크색이며 개화기는 6~8월 경이다.

분포지: Khubsgul, Khentei, Khangai, Mongol–Daurian, Great Khingan, Khobdo, Mongolian Altai, Middle Khalkha, East Mongolia, Depression of Great Lakes, Valley of Lakes, East Gobi, Gobi–Altai, Dzungarian Gobi

황기 | *Astragalus membranaceus* (Fisch.) Bunge

과명: Fabaceae (콩과) 속명: *Astragalus* (황기속)

다년생 초본 식물로 높이가 1m에 달하고 전체에 잔털이 있다. 잎은 6~11쌍의 소엽으로 구성된 우상복엽이다. 소엽은 난상의 긴 타원형이고 양끝이 둔하거나 둥글며 가장자리가 밋밋하다. 꽃은 접형화관형으로 7~8월에 피고 길이 15~18㎜로서 연한 황색이며 총상화서를 이룬다.

분포지: Khubsgul, Khentei, Khangai, Mongol-Daurian, Khobdo, Mongolian Altai, East Mongolia, Depression of Great Lakes

Atragene sibirica L.

과명: Ranunculaceae (미나리아재비과) 속명: *Atragene* (아스트라게네속)

다년생 덩굴성 식물로 꽃은 5수성 이상으로 꽃잎이 흰색 또는 황백색이고 길고 약간 흰 깃이 있다. 주로 6~7월 경에 개화한다. 잎은 장상복엽으로 세 개로 분열하고 다시 각각 3개로 분열한다. 잎에 결각이 5~7개 정도 있으며 뚜렷한 편이다.

분포지: Khubsgul, Khentei, Khangai, Mongol–Daurian, Khobdo, Mongolian Altai, Middle Khalkha, Depression of Great Lakes, Gobi–Altai

Atraphaxis bracteata Losinsk.

과명: Polygonaceae (마디풀과)　속명: *Atraphaxis* (아트라파시스속)

다년생 관목으로 크기는 1.5m 정도로 직립하며 자란다. 줄기가 매우 부드럽고 잎맥은 망상맥이며 잎자루가 매우 짧다. 꽃은 5수성 이상으로 흰색 또는 분홍색 꽃이 자라고 과일은 콩꼬투리모양이다. 꽃받침 잎은 난형으로 마치 물결치는 것처럼 흔들리고 어두운 갈색이다. 개화기는 6~8월 경이다.

분포지: Khangai, Khobdo, Mongolian Altai, East Mongolia, Depression of Great Lakes, Valley of Lakes, East Gobi, Gobi–Altai, Dzungarian Gobi, Transaltai Gobi, Alashan Gobi

Batrachium trichophyllum (chaix) Bosch

과명: Ranunculaceae (미나리아재비과) 속명: *Batrachium* (바트라키움속)

다년생 초본 식물로 키는 10~40cm 정도 자란다. 잎맥은 망상맥이고 심장형 또는 부채꼴 모양이다. 꽃은 5수성 이상으로 흰색으로 피며 개화기는 6~7월 경이다.

분포지: Khubsgul, Khangai, Mongolian Altai, Depression of Great Khangai

좀자작나무 *Betula fruticosa* Pall.

과명: Betulaceae (자작나무과) 속명: *Betula* (자작나무속)

다년생 관목으로 크기는 1~2.5m이다. 갈색수피에 흰색 점이 줄기와 가지에 무수히 많다. 수피가 회백색을 띤다. 잎맥은 망상맥이고 긴 난형 모양에 톱니처럼 결각이 들어있다. 꽃은 나화형으로 개화기는 6월 경 이다.

분포지: Khubsgul, Khentei, Khangai, Mongol–Daurian, Great Khingan, Khobdo

가는범꼬리 *Bistorta alopecuroides* (Turcz. ex Meissn.) Kom.

과명: Polygonaceae (마디풀과) 속명: *Bistorta* (범꼬리속)

다년생 초본 식물로 크기는 150~90cm 정도 자란다. 잎맥은 망상맥이며 근생엽은 끝이 좁은 선형 바소 모양으로 끝부분이 뒤로 말린다. 경엽은 밑부분은 퇴화되며 중간부분은 긴 달걀형 타원모양으로 잎자루가 없다. 꽃은 나화형으로 화피가 5개로 갈라진다. 6~7월에 길이 5cm, 너비 1cm의 옅은 홍자색의 총상화서로 피며 줄기 끝에 달린다.

분포지: Khubsgul, Khentei, Khangai, Mongol-Daurian, Great Khingan, Khobdo, Middle Khalkha, East Mongolia

Bupleurum bicaule Helm

과명: Apiaceae (산형과) 속명: *Bupleurum* (시호속)

다년생 초본 식물로 600~1,600m의 건조한 고지에 서식하며 크기는 15~30cm이다. 잎맥은 평행맥으로 부채꼴 모양의 잎사귀가 자란다. 꽃은 5수성 이상으로 밝은 노란색이고 원뿔 모양이며 개화기는 6~7월 경이다.

분포지: Khubsgul, Khentei, Khangai, Mongol–Daurian, Great Khingan, Khobdo, Mongolian Altai, Middle Khalkha, East Mongolia, Depression of Great Lakes, Valley of Lakes, East Gob, Gobi–Altai

| 1 | 2 | 3 | 4 | 5 | 6 | 7 | 8 | 9 | 10 | 11 | 12 |

씨범꼬리 *Bistorta vivipara* (L.) S. F. Gray

과명: Polygonaceae (마디풀과) 속명: *Bistorta* (범꼬리속)

다년생 초본 식물로 크기 15~60cm까지 자란다. 잎맥은 망상맥이며 긴 타원형으로 근생엽은 긴 잎자루가 있으나 줄기에 난 잎은 잎자루가 거의 없다. 짧고 굵은 뿌리를 가졌고 꽃은 5수성 이상으로 꽃대에 조밀하게 돌려나면서 피는 것이 특징이다.

분포지: Khubsgul, Khentei, Khangai, Mongol-Daurian, Great Khingan, Khobdo, Mongolian Altai, Middle Khalkha, Depression of Great Lakes, Gobi-Altai, Dzungarian Gobi

시호 *Bupleurum falcatum* L.

과명: Apiaceae (산형과) **속명:** *Bupleurum* (시호속)

다년생 초본 식물로 크기는 30~60cm이고 건조한 곳에서 자란다. 잎맥은 평행맥이며 어두운 붉은색을 띠고 있으며 부채꼴 모양으로 줄기가 자란다. 꽃은 5수성 이상이며 노란색의 꽃잎을 가지고 있고 개화기는 주로 6~7월 경이며 어두운 노란색의 타원형 과일이 자란다.

분포지: Khubsgul, Khentei, Khangai, Mongol–Daurian, Great Khingan, Middle Khalkha, East Mongolia

동의나물 *Caltha palustris* L.

과명: Ranunculaceae (미나리아재비과) **속명:** *Caltha* (동의나물속)

다년생 초본 식물로 습지에서 자라며 크기는 50cm 정도 달한다. 반직립성 줄기에 흰색의 굵은 뿌리에서 잎이 뭉쳐난다. 잎맥은 장상맥이며 심장모양의 원형 또는 달걀모양의 심장형이며 길이와 나비가 각각 5~10cm로서 가장자리에 둔한 톱니가 있거나 밋밋하다. 꽃은 5수성 이상이며 6~7월에 피고 황색이며 꽃줄기 끝에 1~2개씩 달리고 작은 꽃가지가 있다.

분포지: Khubsgul, Khentei, Khangai, Mongol-Daurian, Great Khingan, East Mongolia

선메꽃 *Calystegia pellita* (Ledeb.) G.Don

과명: Convolvulaceae (메꽃과)　**속명**: *Calystegia* (메꽃속)

다년생 초본 식물로 포복성으로 자란다. 잎맥은 망상맥으로 긴 장원형으로 생겼다. 꽃은 나팔꽃형으로 잎겨드랑이에서 꽃대가 나와 연한 분홍색으로 피며 개화기는 6~8월 경이다.

분포지: Gobi-Altai, Khubsgul, Khentei, Khangai, Dzungarian Gobi

갯메꽃 *Calystegia soldanella* (L.) R. Br.

과명: Convolvulaceae (메꽃과) 속명: *Calystegia* (메꽃속)

다년생 초본 식물로 포복성으로 자란다. 잎맥은 장상맥으로 둥근 심장형 또는 원형으로 생겼다. 꽃은 나팔꽃형으로 잎겨드랑이에서 꽃대가 나와 연한 분홍색으로 피며 개화기는 6~8월 경이다.

분포지: Gobi-Altai, Khubsgul, Khentei, Khangai, Dzungarian Gobi

Campanula glomerata L.

과명: Campanulaceae (초롱꽃과)   속명: *Campanula* (초롱꽃속)

다년생 혹은 한 두해살이 풀이고 크기는 20~85cm까지 자라며 줄기는 곧고 분지되지 않는다. 잎은 타원형이고 어긋나며 홑잎이고 대개 가장자리에 톱니가 있다. 꽃은 줄기 끝과 잎겨드랑이에 1개씩 달리거나 여러 송이가 원추꽃차례를 이루며 달린다. 꽃받침은 5개로 갈라지며 갈라진 조각 사이에 뒤로 젖혀지는 부속체가 있다.

분포지: Khubsgul, Khentei, Khangai, Mongol-Daurian, Great Khingan, Khobdo, Mongolian Altai, East Mongolia

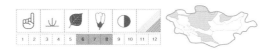

Campanula stevenii subsp. *turczaninovii* (Fed.) Victorov

과명: Campanulaceae (초롱꽃과) 속명: *Campanula* (초롱꽃속)

다년생 혹은 한 두해살이 풀이고 크기는 20~30cm 정도 자란다. 잎맥은 망상맥으로 타원형 또는 피침형의 잎이 어긋나게 달리며 홑잎이고 대개 가장자리에 톱니가 있다. 꽃은 종형으로 줄기 끝과 잎겨드랑이에 1개씩 달리거나 여러 송이가 원추꽃차례를 이루며 달린다. 꽃받침은 5개로 갈라지며 갈라진 조각 사이에 뒤로 젖혀지는 부속체가 있다. 개화기는 6~8월 경이다.

분포지: Khubsgul, Khentei, Khangai, Khobdo, Gobi-Altai

Caragana jubata (Pall.) Poir.

과명: Fabaceae (콩과) 속명: *Caragana* (카라가나속)

다년생 관목 식물로 0.3~2m 크기로 직립성으로 자란다. 기부에 분지가 많으며 수피는 어두운 갈색, 어두운 회색이나 회갈색이다. 잎맥은 우상복맥이며 꽃은 접형화관으로 6~7월 경 나비 모양으로 담홍색이나 하얀색에 가깝게 핀다.

분포지: Khubsgul, Khentei, Khangai, Mongolian Altai, Gobi-Altai

Caragana leucophloea Pojark.

과명: Fabaceae (콩과) 속명: *Caragana* (카라가나속)

다년생 관목으로 크기는 1~2m 정도이며 줄기에는 가시가 있고 잎맥은 우상복맥으로 넓은 타원형이다. 꽃은 접형화관으로 노란색을 띤다. 길이는 3~3.5cm이고 뒷부분은 약간 붉은색이 많으며 시간이 지나면 노란색 꽃이 붉게 변한다. 개화기는 6~8월 경이다.

분포지: Khangai, Mongol-Daurian, Khobdo, Mongolian Altai, Middle Khalkha, Depression of Great Lakes, Valley of Lakes, East Gobi, Gobi-Altai, Dzungarian Gobi, Transaltai Gobi, Alashan Gobi

Carduus nutans L

과명: Asteraceae (국화과) 속명: *Carduus* (지느러미엉겅퀴속)

다년생 초본 식물로 키는 30~100cm 정도 자라며 일반적으로 회백색, 드문드문 거미줄 같은 털이 나 있다. 줄기에 지느러미 같은 날개가 전체적으로 나 있으며 끝엔 날카로운 가시가 나 있다. 잎맥은 망상맥이며 잎은 피침형이고 꽃은 국화꽃형으로 꽃 봉우리에 날카로운 가시가 전체적으로 난다. 꽃색은 핑크색 또는 밝은 보라색을 띠며 개화기는 7~8월 경이다.

분포지: Mongolian Altai

Carum carvi L.

과명: Apiaceae (산형과) 속명: *Carum* (카룸속)

2년생 초본 식물로 높이는 30~70cm이다. 줄기의 표면은 갈색이며 단생한다. 잎맥은 장상복맥으로 소엽의 형태는 타원형 혹은 피침형이다. 꽃은 5수성 이상이며 화판은 하얀색이나 다홍색이다. 화병은 별로 길지 않다. 개화기는 6~7월 경이다.

분포지: Khentei, Khangai, Mongol–Daurian, Great Khingan, Mongolian Altai, Middle Khalkha, East Mongolia, Depression of Great Lakes, Dzungarian Gobi

Caryopteris mongolica Bunge

과명: Verbenaceae (마편초과) 속명: *Caryopteris* (누린내풀속)

다색무늬를 가진 아관목 또는 유사관목으로 크기는 30~150cm 정도 자란다. 어린 새싹은 검붉은 색이다. 잎맥은 망상맥으로 마주보고 있으며 피침형 또는 선형이다. 전체 혹은 부분에 회녹색이 밀집해 있다. 꽃은 5수성 이상으로 밝은 파란색이나 보라색으로 총상 꽃차례로 피며 개화기는 7~8월 경이다.

분포지: Khentei, Khangai, Mongol–Daurian, Mongolian Altai, Middle Khalkha, East Mongolia,
Valley of Lakes, East Gobi, Gobi–Altai, Transaltai Gobi, Alashan Gobi

Cerastium arvense L.

과명: Caryophyllaceae (석죽과) **속명:** *Cerastium* (점나도나물속)

다년생 초본 식물로 30~45cm까지 성장한다. 잎맥은 망상맥이며 꽃은 5수성 이상으로 하얀색이며 수직으로 자라며 수분은 바람 또는 물과 곤충에 의해 진행된다 전초에 털이 나 있으며 종자는 갈색을 띤다. 개화기는 6~8월 경이다.

분포지: Khubsgul, Khentei, Khangai, Mongol—Daurian, Great Khingan, Khobdo, Mongolian Altai, Middle Khalkha, East Mongolia, Depression of Great Lakes, Gobi—Altai

Cerastium fontanum Baumg.

과명: Caryophyllaceae(석죽과)　**속명:** *Cerastium* (점나도나물속)
2년생 또는 다년생 초본 식물로 키는 5~35cm 정도 자란다. 전초가 잔털로 덮여 있으며 잎은 평행맥으로 마주나며 타원형으로 잎 끝이 뾰족하다. 꽃은 5수성 이상으로 흰색으로 피며 개화기는 6~8월 경이다.

분포지: Khubsgul, Khentei, Khangai, Mongol–Daurian, Great Khingan, Khobdo, Mongolian Altai, Middle Khalkha, East Mongolia, Depression of Great Lakes, Gobi–Altai

| 1 | 2 | 3 | 4 | 5 | 6 | 7 | 8 | 9 | 10 | 11 | 12 |

좀낭아초 *Chamaerhodos erecta* (L.) Bunge

과명: Rosaceae (장미과) 속명: *Chamaerhodos* (좀낭아초속)

2년생 또는 다년생 초본 식물로 크기는 20~60cm자란다. 장미과로 잎맥은 망상맥이며 2~3개로 깃털모양으로 잎자루가 길고 2~4회 깊게 들어가 있으며 국화잎과 유사한 형태이다. 로젯트형 식물체에서 6~7월 경 줄기가 신장하여 줄기 끝에 꽃은 5수성 이상으로 분홍색 또는 흰색으로 개화한다.

분포지: Khubsgul, Khentei, Khangai, Mongol–Daurian, Great Khingan, Khobdo, Mongolian Altai, Middle Khalkha, East Mongolia, Depression of Great Lakes, Valley of Lakes, East Gobi, Gobi–Altai

Chenopodium vulvaria L.

과명: Chenopodiaceae (명아주과) 속명: *Chenopodium* (명아주속)

1년생 초본 식물로 포복형으로 자란다. 잎맥은 망상맥이며 심장모양으로 생겼으며 잎 표면에 은녹색을 띠며 만지면 가루가 묻어난다. 꽃은 5수성 이상으로 매우 작아 눈으론 관찰이 어렵다. 개화기는 6~8월 경이다.

분포지: Khangai, Khobdo, Mongolian Altai, Middle Khalkha, East Mongolia, Depression of Great Lakes, Gobi-Altai, Dzungarian Gobi

독미나리 *Cicuta vilosa* L.

과명: Apiaceae (산형과) **속명:** *Cicuta* (독미나리속)

다년생 초본 식물로 크기는 1m 정도 자라며 식물체에 털이 없다. 잎맥은 장상복맥으로 2회 깃꼴로 갈라지고 마지막으로 갈라진 조각에 톱니가 있으며 위로 올라갈수록 잎이 작아지면서 잎자루도 없어진다. 꽃은 5수성 이상으로 6~8월에 흰색으로 피고 큰 복산형꽃차례로 달린다. 큰 산경(傘梗) 끝에 20개 내외의 산경이 있는데 그 작은 산경에 10개 내외의 꽃이 달리며 작은포조각이 있다. 열매는 달걀 모양 구형으로 10월에 익으며 굵은 능선이 있다.

분포지: Khentei, Khangai, Mongol-Daurian, Great Khingan, Khobdo, Mongolian Altai, Middle Khalkha, East Mongolia, Depression of Great Lakes, Valley of Lakes East Gobi, Gobi-Altai, Dzungarian Gobi, Transaltai Gobi

Cirsium esculentum (Siev.) C. A. Mey.

과명: Asteraceae (국화과) 속명: *Cirsium* (엉겅퀴속)

다년생 초본 식물로 잎맥은 망상맥으로 피침형 혹은 타원형이다. 잎의 색은 양면으로 고동색과 녹색이며 털이 있다. 꽃은 국화꽃형이며 보라색으로 피고 화관은 2.7cm이다. 하얀색 털이 나있다. 개화기는 6~8월 경이다.

분포지: Khubsgul, Khentei, Khangai, Mongol-Daurian, Khobdo, Mongolian Altai, Middle Khalkha, East Mongolia, Depression of Great Lakes, Valley of Lakes, Dzungarian Gobi

Crisium serratuloides (L.) Hill

과명: Asteraceae (국화과) 속명: *Cirsium* (엉겅퀴속)

다년생 초본 식물로 높이는 1.2m 정도 자란다. 잎맥은 망상맥으로 긴 타원형으로 생겼고 잎에 드문드문 잔털이 있다. 꽃은 국화꽃형으로 3~5개 정도로 분지하여 피고 적색을 띤다. 개화기는 7~9월 경이다.

분포지: Khubsgul, Khentei, Khangai, Mongol–Daurian, Great Khingan, Khobdo, Mongolian Altai, Middle Khalkha, East Mongolia, Depression of Great Lakes, Gobi–Alta

| 1 | 2 | 3 | 4 | 5 | 6 | 7 | 8 | 9 | 10 | 11 | 12 |

Clausia aprica (Steph.) Korn.-Trotzky

과명: Brassicaceae (십자화과) 속명: *Clausia* (클라우시아속)

2년생 초본 식물로 높이 10~50cm 정도 자란다. 로젯트형 식물체에서 꽃줄기가 신장한다. 줄기는 직립되어 있고 짧은 털이 나며 단일 또는 여러개로 분지한다. 잎맥은 망상맥으로 모양은 장타원형 혹은 피침형이며 1.5cm 정도이다. 꽃잎은 4수성으로 총상화서로 피며 연한 보라색을 띠며 6~7월 경에 개화한다.

분포지: Khubsgul, Khentei, Khangai, Mongol–Daurian, Khobdo, Mongolian Altai, East Mongolia

Claytonia joanneana Roem. et Schult.

과명: Boraginaceae (쇠비름과) 속명: *Cynoglossum* (클레이토니아속)

2년생 초본 식물로 크기는 25~100cm 정도로 자란다. 줄기는 직립해서 자라며 어두운 갈색이고 미세한 털이 난다. 잎맥은 망상맥이며 피침형이다. 꽃은 5수성 이상으로 6~7월 경 원추화서로 감적색으로 피어난다.

분포지: Khangai, Mongol–Daurian, Middle Khalkha, East Mongolia, Gobi–Altai

| 1 | 2 | 3 | 4 | 5 | 6 | 7 | 8 | 9 | 10 | 11 | 12 |

Clematis tangutica (Maxim.) Korsh.

과명: Ranunculaceae (미나리아재비과) 속명: *Clematis* (으아리꽃속)

다년생 덩굴성 관목 식물로 주로 건조지, 모래 또는 자갈이 많은 지역에서 자란다. 잎맥은 장상복맥
이고 꽃은 5수성 이상으로 취산화서로 피며 꽃색은 진노랑색을 띤다. 개화기는 6~9월에 핀다.

분포지: Khentei, Khangai, Mongol-Daurian, Mongolian Altai, Middle Khalkha,
　　　　Depression of Great Lakes, Gobi-Altai, Dzungarian Gobi, Transaltai Gobi

Coluria geoides (Pall.) Ledeb.

과명: Rosaceae (장미과) 속명: *Coluria* (콜루리아속)

다년생 초본 식물로 크기는 5~25cm 정도 자란다. 식물체는 로젯트형으로 성장하며 전초에 잔털이 밀생한다. 잎맥은 망상맥이며 깃 모양으로 마주나 있으며 톱니모양으로 결각이 뚜렷하다. 꽃잎은 5수성 이상이고 화관은 밝은 노란색으로 2cm 정도의 크기이며 꽃줄기 끝에 1~3개의 꽃이 달린다. 개화기는 6~7월 경에 해당한다.

분포지: Khangai, Khobdo

검은낭아초 *Comarum palustre* L.

과명: Rosaceae (장미과)　**속명:** *Comarum* (검은낭아초속)

다년생 초본 식물로 줄기에는 작은 털이 있다. 턱잎은 타원모양 또는 넓은 타원모양으로 가장자리에는 거치가 없다. 잎맥은 우상복맥이고 달걀모양 또는 사각진 달걀모양이다. 꽃은 5수성 이상으로 줄기의 끝부분에 1개씩 달리고 끝이 뾰족하고 꽃잎은 장미색이며 거꾸로 된 달걀모양으로 끝이 둥글다. 개화기는 6~7월 경이다.

분포지: Khubsgul, Khentei, Khangai, Mongol–Daurian, Great Khingan, Khobdo, Mongolian Altai, Middle Khalkha, East Mongolia, Depression of Great Lakes, Valley of Lakes, East Gobi, Gobi–Altai, Dzungarian Gobi, Transaltai Gobi, Alashan Gobi

Convolvulus ammanii Desr.

과명: Convolvulaceae (메꽃과) 속명: *Convolvulusa* (서양메꽃속)

다년생 초본 식물로 크기는 10cm 정도 자란다. 줄기에는 부드러운 밝은 색 털이 자라며 잎맥은 망상맥이며 선형 혹은 피침형으로 정착되어 있다. 잎의 엽액에서 꽃이 단독으로 나고 꽃모양은 나팔꽃형이며 화관은 8~15mm이다. 꽃색은 흰색 또는 핑크색으로 6~8월 까지 핀다.

분포지: Khentei, Khangai, Mongol–Daurian, Khobdo, Mongolian Altai, Middle Khalkha, East Mongolia, Depression of Great Lakes, Valley of Lakes, East Gobi, Gobi–Altai, Dzungarian Gobi, Alashan Gobi

Convolvulus gortschakovii Schrenk ex Fisch. & C.A. Mey.

과명: Convolvulaceae (메꽃과) 속명: *Convolvulus* (서양메꽃속)

관목 또는 아관목이나 유사관목으로 크기는 10~30cm 정도 자란다. 줄기의 끝과 잔가지는 가시처럼
변하며 잎맥은 망상맥으로 가는 피침형 또는 선형 창끝모양이다. 꽃받침은 8~12mm 이고 꽃은 나팔꽃형
으로 6~7월 경 핑크색 또는 흰색을 띠고 크기는 10~40mm 정도이다.

분포지: Mongolian Altai, Depression of Great Lakes, Valley of Lakes, Gobi–Altai, Dzungarian Gobi,
Transaltai Gobi, Alashan Gobi

산호란 *Corallorhiza trifida* Chatel.

과명: Orchidaceae (난과) 속명: *Corallorhiza* (산호란속)

다년생 기생 식물로 녹색의 잎이 없으며 크기는 10~28cm 정도 자란다. 뿌리와 줄기가 산호와 같이 분지한다. 꽃은 난꽃형이고 4~10mm 정도로 작으며 흰색이나 엷은 녹색으로 6~7월 경 핀다. 주로 침엽수림의 하부에 자생한다.

분포지: Khubsgul, Khentei, Mongol–Daurian

Corydalis stricta (L. fil.) Pers.

과명: Fumariaceae (현호색과) 속명: *Corydalis* (현호색속)
다년생 초본 식물로 크기는 25~100cm까지 자란다. 건조지를 좋아하는 식물이다. 잎은 굵고 장상복
맥이며 탁엽은 없다. 꽃은 불규칙 합판화형이며 6~8월 경 원추 꽃차례로 피고 노란색으로 핀다. 크기
는 15~17mm 정도 된다.

분포지: Khobdo, Mongolian Altai

Cotoneaster melanocarpus Fisch. ex Blytt

과명: Rosaceae (장미과) **속명:** *Cotoneaster* (개야광속)

최대 2m까지 자라는 관목이다. 잎맥은 망상맥이고 잎에는 털이 있으며 2~4cm의 크기로 아래를 향해 나 있다. 꽃은 5수성 이상이고 6~7월 경 총상꽃차례로 피며 화경이 떨어져 있다. 8월 경 과실은 검정색으로 익는다.

분포지: Khubsgul, Khentei, Khangai, Mongol–Daurian, Great Khingan, Khobdo, Mongolian Altai, Middle Khalkha, East Mongolia, Depression of Great Lakes Gobi–Altai, Dzungarian Gobi

Cotoneaster mongolicus Pojark.

과명: Rosaceae (장미과) **속명:** *Cotoneaster* (개야광나무속)

최대 2m까지 자라는 관목이다. 잎맥은 망상맥이며 잎에는 털이 있고 1~2cm의 크기로 아래를 향해 자란다. 꽃은 5수성 이상이고 6~7월 경 총상꽃차례로 화경이 떨어져 있고 연한 적색을 띤 흰색으로 핀다. 과실은 작고 보라색이다.

분포지: Khentei, Khangai, Mongol–Daurian, Great Khingan, Middle Khalkha, East Mongolia, Gobi–Altai

| 1 | 2 | 3 | 4 | 5 | 6 | 7 | 8 | 9 | 10 | 11 | 12 |

아광나무 *Crataegus maximowiczii* C.K.Schneid.

과명: Rosaceae (장미과) 속명: *Crataegus* (산사나무속)

관목 또는 소교목성 식물로 높이 2~4m까지 자란다. 줄기에 1cm 정도의 가시가 있다. 잎맥은 망상맥이고 넓은 난형 또는 마름모꼴로 길이와 폭이 2.5~6cm 정도 된다. 꽃은 5수성 이상이며 6~7월 경 흰색의 꽃이 피고 8월 경 사과를 닮은 작은 열매가 적색으로 익는다.

분포지: Khentei, Khangai, Mongol–Daurian, Great Khingan, East Mongolia

Crepis polytricha (Ledeb.) Turcz.

과명: Asteraceae (국화과) 속명: *Crepis* (보리뺑이속)
다년생 초본 식물이고 크기는 12~14cm로 단순하게 자란다. 식물체는 로제트형으로 잎맥은 망상맥
이며 크기 3~14cm 정도 된다. 꽃은 국화꽃형이며 노란색으로 두상화가 모여 피고 결실기 종자의 달린
털로 비산한다.

분포지: Khubsgul, Khangai, Khobdo, Mongolian Altai

Crepidifolium tenuifolium (Willd.) Sennikov

과명: Asteraceae (국화과) 속명: *Crepidifolium* (크레피디폴리움속)

다년생 초본으로 높이는 18~40cm이다. 줄기는 가늘고 자줏빛이다. 가지가 퍼지며 자르면 즙이 나온다. 뿌리에 달린 잎맥은 망상맥으로 주걱 모양이며 꽃이 필 때 쓰러지고 줄기에 달린 잎은 어긋 나며 잎자루가 없다. 꽃은 국화꽃형으로 노란색으로 피고 산방꽃차례로 달리는데 꽃이 필 때는 곧게 서고 진 다음 아래로 처진다. 개화기는 6~9월 경이다.

분포지: Khubsgul, Khobdo, Mongolian Altai

Cymbaria daurica L.

과명: Scrophulariaceae (현삼과) 속명: Cymbaria (심바리아속)

다년생 초본으로 크기는 약 20cm이고 하얀색의 털이 밀생한다. 잎맥은 망상맥으로 마주나고 자루가 없으며 선형이다. 화관은 황색이고 길이는 30~45mm이다. 꽃은 불규칙 합판화형으로 6~8월경 이열편으로 3~3.5cm 크기로 핀다.

분포지: Khentei, Khangai, Mongol–Daurian, Great Khingan, Mongolian Altai, Middle Khalkha, East Mongolia, Depression of Great Lakes, Valley of Lakes, East Gobi, Gobi–Altai

Cynoglossum divaricatum Steph. ex Lehm.

과명: Boraginaceae (지치과) 속명: *Cynoglossum* (꽃마리속)

2년생 초본성 식물로 크기는 25~100cm정도로 자란다. 줄기는 직립해서 자라며 어두운 갈색이고 미세한 털이 난다. 잎맥은 망상맥이며 피침형이다. 꽃은 5수성 이상으로 6~7월 경 원추화서로 감적색 으로 피어난다.

분포지: Khangai, Mongol-Daurian, Middle Khalkha, East Mongolia, Gobi-Altai

털복주머니란 *Cypripedium guttatum* Sw.

과명: Orchidaceae (난과) 속명: *Cypripedium* (복주머니란속)

다년생 초본으로 난초목 난초과로 전체에 털이 나 있다. 높이 약 30cm이며 줄기가 곧게 자란다. 땅속줄기가 옆으로 벋으며 각 마디마다 뿌리가 나온다. 원줄기에는 밑쪽에 칼집 모양의 잎이 2개 또는 3개 나며 그 위쪽으로 크기가 큰 잎 2개가 원줄기를 감싸며 마주난다. 잎맥은 평행맥이며 넓은 타원형으로 끝이 날카롭고 뒷면 맥 위에 털이 나 있다. 꽃은 난꽃형 이며 순판은 항아리 모양을 하고 있으며 황백색으로 자주색의 반점이 있으며 지름 3~5cm이다. 개화기는 6월 경이다.

분포지: Khubsgul, Khentei, Khangai, Mongol-Daurian, Great Khingan

Dactylorhiza salina (Turcz. ex Lindl.) Soo

과명: Orchidaceae 난초과 속명: *Dactylorhiza* (닥틸로리자속)

다년생 초본 식물로 크기는 15~20cm이다. 괴경은 손모양을 닮았고 잎맥은 평행맥으로 4~6장 정도 달린다. 꽃은 난초꽃모양이고 2cm 정도로 작고 적색 또는 보라색으로 개화기는 주로 6~7월경이다.

분포지: Khubsgul, Khentei, Khangai, Mongol-Daurian, Great Khingan, Khobdo, Mongolian Altai, Middle Khalkha, East Mongolia, Depression of Great Lakes, Valley of Lakes, Dzungarian Gobi

Delphinium dissectum Huth

과명: Ranunculaceae (미나리아재비과) 속명: *Delphinium* (제비고깔속)

다년생 초본 식물로 곧게 자란다. 잎맥은 장상맥으로 마주나고 세 갈래로 갈라진 손바닥 모양이다. 꽃은 제비꽃형으로 총상꽃차례, 수상꽃차례, 원추꽃차례로 달린다. 꽃잎은 2~4개 꽃받침은 5개 이고 아랫부분에 꿀주머니가 있다. 꽃색은 보라색이고 개화기는 6~7월 경이다.

분포지: Khangai, Mongol–Daurian, Middle Khalkha

제비고깔 *Delphinium grandiflorum* L.

과명: Ranunculaceae (미나리아재비과) 속명: *Delphinium* (제비고깔속)

1년생 식물로 높이는 30~100㎝ 정도 자란다. 분지가 되며 상부에는 약간의 짧은 털이 있다. 상부의 잎은 소형으로 엽병이 없고 하엽은 엽병이 길며 장상맥으로 세 갈래로 갈라져 있으며 각 열편은 2~3회 갈라져 있으며 선형이다. 꽃은 제비꽃형으로 꽃색은 청색 또는 보라색이다.

분포지: Khubsgul, Khentei, Khangai, Mongol-Daurian, Great Khingan, East Mongolia, Gobi-Altai

Delphinium elatum L.

과명: Ranunculaceae (미나리아재비과) 속명: *Delphinium* (제비고깔속)

2년생 또는 다년생 초본성 식물로 키는 80~150cm 정도 직립하며 자란다. 털이 없고 매끄러우며 잎맥은 장상맥으로 손바닥 모양이고 느슨하게 붙어 있다. 꽃은 제비꽃형으로 총상 또는 산방화서로 6~7월 경 연한 하늘색으로 핀다. 화피는 11~13mm 정도 길다. 갈색의 분비물이 나온다.

분포지: Khubsgul, Khentei, Khangai, Khobdo, Mongolian Altai

산구절초 *Dendranthema zawadskii* (Herbich) Tzvel.

과명: Asteraceae (국화과) **속명:** *Dendranthema* (구절초속)

다년생 초본 식물로 크기는 10~60cm 정도이다. 높은 산지의 풀밭에서 자란다. 뿌리줄기가 옆으로 뻗으면서 자라고 누운 털이 난다. 잎맥은 망상맥으로 어긋나고 아래 부분에 달리는 잎은 잎자루가 길며 달걀 모양이고 길이 1~3.5cm, 나비 1~4cm이다. 2회 깃꼴로 갈라지거나 깃처럼 완전히 갈라지며 갈래조각은 나비 1~2mm이다. 양면에 선점이 있거나 없다. 꽃은 국화꽃형으로 7~10월에 붉은빛을 띤 흰색으로 피고 두화(頭花)는 가지와 원줄기 끝에 1개씩 달리며 지름 3~6cm이다. 설상화는 1줄로 달리는데 길이 1.5~3cm, 너비 3~6.5mm로서 끝부분이 2~3개씩 약간 갈라진다.

분포지: Khubsgul, Khentei, Khangai, Mongol-Daurian, Great Khingan, East Mongolia

Dontostemon integrifolius (L.) Ledeb.

과명: Brassicaceae (십자화과) 속명: *Dontostemon* (가는장대속)
1년 또는 2년생 초본성 식물로 2.5~22cm정도 자란다. 전초에 하얀색 털이나 노란색털 혹은 검은색 털로
덮여 있다. 줄기는 하나로 직립하며 위에서 여러 개로 분지하며 자란다. 잎맥은 망상맥이며 선형이고 길이
1.5~4.5cm, 가로 1~2mm정도이다. 꽃은 4수성으로 6~8월에 핀다.

분포지: Khubsgul, Khentei, Khangai, Mongol-Daurian, Great Khingan, Khobdo, Mongolian Altai,
Middle Khalkha East Mongolia, Depression of Great Lakes, Valley of Lakes, East Gobi,
Gobi-Altai, Alashan Gobi

패랭이꽃 *Dianthus chinensis* L.

과명: Caryophyllaceae (석죽과) 속명: *Dianthus* (패랭이속)
다년생 초본 식물로 크기는 10~40cm 정도 자라고 잎맥은 평행맥이다. 잎의 모양은 선형으로
마주나고 꽃은 패랭이꽃형으로 단일이거나 매우 적게 난다. 꽃받침의 길이는 16~18mm로 난형
이고 꽃은 분홍색을 띠며 개화기는 6~7월 경이다.

분포지: Khubsgul, Khentei, Khangai, Mongol–Daurian, Great Khingan, Khobdo, Mongolian Altai,
　　　 Middle Khalkha, East Mongolia, Depression of Great Lakes, Valley of Lakes,
　　　 Gobi–Altai

꽃술패랭이꽃 *Dianthus superbus* L.

과명: Caryophyllaceae (석죽과) 속명: *Dianthus* (패랭이속)

다년생 초본 식물로 줄기는 모여 나고 곧게 자라며 높이 30cm에 달한다. 잎맥은 평행맥으로 마주나고 선형 또는 선상 피침형이고 아래는 줄기를 감싼다. 꽃은 패랭이꽃형으로 6~7월에 보라색으로 피고 줄기 끝에 달리며 지름 4.5~5cm이다. 꽃받침은 긴 원통형이고 끝은 5갈래로 갈라진다.

분포지: Khubsgul, Khentei, Khangai, Mongol–Daurian, Great Khingan, Khobdo, Mongolian Altai, Middle Khalkha, East Mongolia, Depression of Great Lakes

| 1 | 2 | 3 | 4 | 5 | 6 | 7 | 8 | 9 | 10 | 11 | 12 |

Draba fladnizensis Wulfen

과명: Brassicaceae (십자화과) 속명: *Draba* (꽃다지속)

다년생 초본 식물로 크기는 2~8cm 정도로 매우 작게 자란다. 잎은 망상맥으로 가는 선형 또는 피침형
이고 가늘며 로젯형태로 모여난다. 꽃은 4수성으로 흰색으로 피며 개화기는 6~7월 경이다. 주로 고산의
바위 틈이나 툰드라 지역에 자생한다.

분포지: Khubsgul, Khentei, Khangai, Khobdo, Mongolian Altai, Gobi–Altai

Dracocephalum foetidum Bunge

과명: Lamiaceae (꿀풀과) 속명: *Dracocephalum* (용머리속)
다년생 초본 식물로 크기는 5~15cm 정도 자란다. 잎맥은 망상맥으로 길이 3~8mm, 폭은 5~15mm
정도 되며 화관은 15~18mm 정도의 크기이다. 꽃은 불규칙 합판화형으로 보라색이나 청색을 띠며
개화기는 6~8월 경이다.

분포지: Khubsgul, Khentei, Khangai, Mongol–Daurian, Khobdo, Mongolian Altai, Middle Khalkha,
　　　　East Mongolia, Depression of Great Lakes, Valley of Lakes, East Gobi, Gobi–Altai

Dracocephalum cf. *fragile* Turcz. ex Benth

과명: Lamiaceae (꿀풀과) 속명: *Dracocephalum* (용머리속)
다년생 초본 식물로 높이는 5~10㎝ 정도 자란다. 잎맥은 망상맥이며 타원형으로 생겼으며 꽃은
불규칙 합판화형으로 연노랑 또는 미색으로 핀다. 개화기는 6~7월 경이고 자생지는 호수 주변의
자갈밭이나 모래 퇴적지에 주로 자생한다.

분포지: Khubsgul, Khangai

Dracocephalum grandiflorum L.

과명: Lamiaceae (꿀풀과)   속명: *Dracocephalum* (용머리속)
다년생 초본 식물로 10~25cm 정도 자란다. 잎맥은 망상맥으로 타원형 또는 난형이고 줄기는 직립한다. 꽃은 불규칙 합판화형으로 화관은 35~45mm로 옅은 파란색을 띠며 개화기는 6~8월 경이다.

분포지: Khubsgul, Khentei, Khangai, Khobdo, Mongolian Altai, Gobi-Altai

Dracocephalum moldavica L.

과명:Lamiaceae (꿀풀과) 속명: *Dracocephalum* (용머리속)

1년생 초본 식물로 크기는 15~50cm 정도 자란다. 가지가 여러 개로 분지하며 자주빛을 띤다. 잎은 대부분 엷은 황색 또는 녹색이다. 꽃은 불규칙합판화형으로 총상화서로 피며 화관의 길이는 15~30mm 정도 된다.

분포지: Khangai, East Gobi, Gobi–Altai, Transaltai Gobi

Dracocephalum nutans L.

과명: Lamiaceae (꿀풀과) 속명: *Dracocephalum* (용머리속)

2년생 또는 다년생 식물로 줄기가 곧으며 20~60cm 정도 자란다. 잎은 타원형이거나 심장형이다. 화관은 17~22mm로 자라며 블루 바이올렛 색이나 거의 흰색이다.

분포지: Khubsgul, Khentei, Khangai, Mongol–Daurian, Mongolian Altai

Dracocephalum origanoides Steph. ex Willd.

과명: Nepetoideae   속명: *Dracocephalum* (용머리속)

다년생 초본 식물로 로젯형태로 넓게 포기를 형성하며 자라며 키는 10cm 내외이다. 잎은 망상맥으로 장타원형이며 가장자리 결각이 두드러진다. 포기 전체에 잔털이 덮여 회녹색을 띤다. 꽃은 불규칙합판화로 자주색의 꽃받침잎 사이에서 피며 꽃색은 청색 또는 분홍색을 띤다. 개화기는 6~7월 경이다.

분포지: Khubsgul, Khangai, Mongol–Daurian, Khobdo, Mongolian Altai, Middle Khalkha, East Mongolia, Gobi–Altai, Dzungarian Gobi

Dracocephalum ruyschiana L.

과명: Lamiaceae (꿀풀과) 속명: Dracocephalum (용머리속)

다년생 초본 식물로 줄기는 직립한다. 잎맥은 망상맥이고 선형 또는 피침형이다. 잎 사이엔 하나의 정맥이
있다. 꽃은 불규칙 합판화형으로 꽃받침은 양순형이다. 화관은 진한 파란색이나 보라색이다. 개화기는
6~7월 경이다.

분포지: Khentei, Khangai, Mongol–Daurian, Great Khingan, Khobdo, Middle Khalkha

1	2	3	4	5	6	7	8	9	10	11	12

Dryas oxyodonta Juz.

과명: Rosaceae 장미과 속명: *Dryas* (담자리꽃나무속)

상록성 키 작은 관목으로 크기는 10~15cm 정도 자란다. 전초는 로젯트 형태로 자라며 꽃은 5수성 이상이고 6~7월 경 꽃대가 자라 흰색 또는 미색의 꽃을 피운다. 잎맥은 망상맥으로 장타원형이고 잎은 얇으며 뒷면은 흰색을 띠고 표면에는 날카로운 털이 있다.

분포지: Khubsgul, Khentei, Khangai, Mongol-Daurian, Khobdo, Mongolian Altai

Echinops gmelinii Turcz.

과명: Asteraceae (국화과) 속명: *Echinops* (절굿대속)

2년생 또는 다년생 초본 식물로 키는 20~40cm 정도 자란다. 잎맥은 망상맥으로 잎 끝에 날카로운 가시가 있다. 꽃은 국화꽃형이고 둥근공 모양으로 모여 피며 6~7월 경에 개화한다. 사막초원과 사막지역에서 일반적으로 자생하며 모래사면 중턱에 흔히 볼 수 있다.

분포지: Khangai, Mongolian Altai, Gobi-Altai

큰절굿대 *Echinops latifolius* Tausch

과명: Asteraceae (국화과) 속명: *Echinops* (절굿대속)

2년생 또는 다년생 초본 식물로 키는 20~50cm 정도 자란다. 잎맥은 망상맥으로 잎 끝에 날카로운 가시가 있다. 꽃은 국화꽃형이고 둥근공 모양으로 모여 피며 6~7월 경에 개화한다. Forb와 forb-grass 스텝, 건조한 초원, 돌밭, 암석의 경사지에 주로 자생한다.

분포지: Khubsgul, Khentei, Khangai, Mongol-Daurian, Great Khingan, Middle Khalkha, East Mongolia

1	2	3	4	5	6	7	8	9	10	11	12

Ephedra equisetina Bunge

과명: Ephedraceae (마황과) 속명: *Ephedra* (마황속)

다년생 관목으로 키는 60cm까지 자란다. 줄기는 직립성이 강하고 푸른빛이 도는 녹색 또는 회색을 띤다. 잎은 퇴화되어 구분되지 않으며 꽃은 나화형으로 피고 개화기는 5~6월 경이다.

분포지: Khangai, Khobdo, Mongolian Altai, Middle Khalkha, East Mongolia, Depression of Great Lakes, East Gobi, Gobi–Altai, Dzungarian Gobi, Transaltai Gobi, Alashan Gobi

Ephedra sinica Steapf.

과명: Ephedraceae (마황과) 속명: *Ephedra* (마황속)
아관목 또는 소관목으로 최대 30~40cm까지 자라고 줄기는 총생한다. 두께는 1~1.3mm로 매끄럽게 모
래에 밀착해 있고 잎은 3~4mm 정도로 갈색 또는 어두운 갈색을 띤다. 꽃은 나화로 6~7월 경에 핀다.
대초원과 유사 사막지역에 대부분 서식지가 있으며 바위 및 모래경사지, 잔자갈 바닥에 뿌리내리고 산다.

분포지: Khentei, Khangai, Mongol-Daurian, Mongolian Altai, Middle Khalkha, East Mongolia,
Depression of Great Lakes, Valley of Lakes, East Gobi, Gobi-Altai, Dzungarian Gobi,
Transaltai Gobi

분홍바늘꽃 *Epilobium angustifolium* L.

과명: Onagraceae (바늘꽃과) 속명: *Epilobium* (바늘꽃속)

다년생 초본 식물로 키는 60~100cm까지 자란다. 잎맥은 망상맥이며 타원형 또는 선형이고 잎자루는 없다. 꽃은 수성으로 6~7월 경 핑크색 또는 보라색으로 핀다. 씨방은 가늘고 길며 종자가 익으면 씨방이 4갈래로 갈라지며 종자에 붙은 털실과 함께 날려 번식한다. 산지개울가, 골짜기, 늪가풀숲에서 자생하고 약용으로도 사용한다.

분포지: Khubsgul, Khentei, Khangai, Mongol–Daurian, Great Khingan, Khobdo, Mongolian Altai, Middle Khalkha, East Mongolia, Dzungarian Gobi

버들바늘꽃 *Epilobium palustre* L.

과명: Onagraceae (바늘꽃과) 속명: *Epilobium* (바늘꽃속)

다년생 초본 식물로 직립성이다. 키는 15~70cm까지 자라고 분지가 잘되며 잎자루는 3mm 정도이며 잎맥은 망상맥이고 피침형이다. 꽃은 4수성으로 6~8월 경 흰색 또는 연한 분홍색의 꽃이 핀다. 강변이나 호수 주변의 자갈밭 또는 초원, 초원의 고산지대에서 자란다.

분포지: Khubsgul, Khentei, Khangai, Mongol-Daurian, Great Khingan, Khobdo, Mongolian Altai, Middle Khalkha, East Mongolia, Depression of Great Lakes, Gobi-Altai, Dzungarian Gobi, Transaltai Gobi

| | | | | | | | | | | | |
|1|2|3|4|5|6|7|8|9|10|11|12|

쇠뜨기 *Equisetum arvense* L.

과명: Equisetaceae (속새과) 속명: *Equisetum* (속새속)
다년생 초본 식물로 키는 19~50cm까지 자라며 5~6월 경 포자를 통해 번식한다. 강이나 호수 주변의 물가 또는 축축한 초원, 알칼리 초원에서 군생한다.

분포지: Khubsgul, Khentei, Khangai, Mongol–Daurian, Great Khingan, Khobdo, Mongolian Altai, Middle Khalkha, East Mongolia, Depression of Great Lakes, Dzungarian Gobi

관모개미자리 *Eremogone capillaris* (Poir.) Fenzl

과명: Caryophyllaceae (석죽과) 속명: *Arenaria* (벼룩이자리속)

다년생 초본성 식물로 크기는 12~15cm 정도 자라며 꽃받침이 5~6mm 로 길고 잎은 망상맥형태로 총생하며 선형 또는 침형으로 3~6cm 크기로 길게 자라난다. 꽃은 5수성 형태로 취산화서로 7~8월 경 흰색으로 핀다. 평야와 산지, 대초원, 암석지, 건조한 숲의 변두리에 주로 자생한다.

분포지: Khubsgul, Khentei, Khangai Mongol—Daurian, Great Khingan, Khobdo, Mongolian Altai, Middle Khalkha East Mongolia, Depression of Great Lakes, East Gobi, Gobi—Altai

민망초 *Erigeron acris* L.

과명: Asteraceae (국화과) **속명**: *Erigeron* (망초속)

2년 또는 다년생 초본 식물로 5~70cm 정도 자란다. 식물체 전체에 잔털이 밀생하고 잎맥은 망상맥이며 꽃줄기 상부에서 여러 차례 꽃이 분지하여 핀다. 꽃은 국화꽃형으로 꽃잎은 연한 보라색을 띤다.

분포지: Khubsgul, Khentei, Khangai, Mongol-Daurian, Great Khingan, Mongolian Altai, East Mongolia, Depression of Great Lakes

Eriophorum angustifolium subsp. *komarovii* (V.N.Vassil.) Vorosch.

과명: Cyperaceae (사초과) 속명: *Eriophorum* (황새풀속)

다년생 초본 식물이며 30~60cm 정도 자란다. 잎은 평행맥으로 긴 선형 또는 피침형이다. 꽃은 나화형이며 화경 끝에 1개의 화수가 달리며 줄기는 총생한다. 이삭은 6~10mm 정도 크기이며 꽃자루는 2cm 정도 된다. 6~7월 경 개화하여 8월 결실기에는 화수가 털로 덮인것처럼 보인다. 주로 고산지역의 습원 주변이나 초원의 습지주변에 자생한다.

분포지: Khangai, Mongol—Daurian

작은황새풀 *Eriophorum gracile* Koch

과명: Cyperaceae (사초과) 속명: *Eriophorum* (황새풀속)

다년생 초본성 식물이며 40~70cm까지 자라며 잎은 평행맥이고 가늘고 긴 선형 또는 피침형이다. 꽃은 나화로 1개의 화경에 화서는 단순하고 소수는 3~7개 정도 되며 소수자루는 둥글거나 삼릉형이며 거칠다. 개화기는 6~7월 경이고 8월에 소수마다 긴 흰색털이 터져 나온다. 주로 초원의 습지나, 호수주변 등에 자생한다.

분포지: Khubsgul, Khentei, Khangai, Mongol-Daurian, Great Khingan, Khobdo, Mongolian Altai, Middle Khalkha, East Mongolia, Depression of Great Lakes

| 1 | 2 | 3 | 4 | 5 | 6 | 7 | 8 | 9 | 10 | 11 | 12 |

Eriophorum scheuchzeri Hoppe

과명: Cyperaceae (사초과) 속명: *Eriophorum* (황새풀속)

다년생 초본 식물로 키는 8~30cm 정도 자란다. 잎맥은 평행맥으로 긴 선형이고 꽃은 나화형으로 6~7월 경 핀다. 화경 끝에 1개의 화수가 달리고 화수는 난형, 타원형으로 회갈색이고 열매의 성숙기에는 면모가 자라서 둥글게 되며 지름 3~4cm에 이른다.

분포지: Khubsgul, Khentei, Khangai, Khobdo, Mongolian Altai

Eritrichium villosum (Ledeb.) Bunge

과명: Boraginaceae (지치과) 속명: *Eritrichium* (에리트리키움속)

다년생 초본 식물로 5~18cm 정도 자란다. 전초에 흰색 잔털로 덮여 있고 잎맥은 망상맥으로 피침형 또는 도피침형으로 위로 갈수록 좁고 가늘어 진다. 꽃은 5수성 이상으로 꽃대 한 대에 3~5송이의 꽃이 모여 피며 꽃은 연한 하늘색에 중앙은 노란색을 띤다. 개화기는 6~8월 경이다.

분포지: Khentei, Khangai, Mongol–Daurian, Khobdo, Mongolian Altai

국화쥐손이풀 *Eriodoum stephanianum* Willd.

과명: Geraniaceae (쥐손이풀과) **속명:** *Erodium* (국화쥐손이속)

2년생 또는 다년생 초본으로 45cm 정도 자라며 줄기에 잔털이 밀생한다. 잎맥은 장상맥으로 깊게 결각이 들어가 있고 꽃받침은 1.5~3.5mm 정도이며 꽃잎보다 길다. 꽃은 5수성 이상이며 꽃색은 연한 보라색으로 핀다. 산의 경사지나 자갈, 모래가 많은 암석지, 알칼리성 초원에 주로 자생한다.

분포지: Khentei, Khangai, Mongol–Daurian, Great Khingan, Mongolian Altai, Middle Khalkha, East Mongolia, Depression of Great Lakes, Valley of Lakes, East Gobi, Gobi–Altai, Dzungarian Gobi, Transaltai Gobi

흰대극 *Euphorbia esula* L.

과명: Euphorbiaceae (대극과) **속명:** *Euphorbia* (대극속)

다년생 초본 식물로 키가 20~40cm 정도 자란다. 잎맥은 망상맥이고 선형 또는 피침형으로 잎자루는 없거나 매우 짧다. 두 장의 꽃받침잎 중앙에 나화형의 노란색의 꽃이 핀다. 개화기는 주로 6~7월 경이고 8~9월 경에 결실한다. 대초원과 초원경사지, 낙엽송 숲, 소나무숲, 암석경사지, 물가초원, 모래사장과 절벽주변에 자생한다.

분포지: Khubsgul, Khentei, Khangai, Mongol–Daurian, Great Khingan, Khobdo, Middle Khalkha, East Mongolia, Depression of Great Lakes, Gobi–Altai

실쑥 *Filifolium sibiricum* (L.) Kitam.

과명: Asteraceae (국화과) 속명: *Filifolium* (필리폴리움속)

다년생 초본 식물로 30~50cm 정도로 곧추 자라며 털은 없다. 잎맥은 망상맥이고 근엽은 개화기까지 남아있다. 사방으로 퍼지며 장타원형으로 길이는 20~27cm이다. 너비는 5~6.5cm이고 2~3회 우상으로 갈라진다. 꽃은 국화꽃형으로 6~8월 경 황색으로 피고 산방상으로 달리며 두상화의 지름은 6mm이고 화경의 길이는 1~11mm이다.

분포지: Khubsgul, Khentei, Khangai, Mongol-Daurian, Great Khingan, Middle Khalkha, East Mongolia

Fragaria orientalis Losinsk.

과명: Rosaceae (장미과) 속명: *Fragaria* (땃딸기속)

다년생 초본 식물이며 키는 10~25cm 정도 자란다. 잎맥은 장상맥으로 3장으로 분리되어 나며 달걀모양 또는 마름모 꼴로 잎 가장자리에 6~9개 정도의 큰 결각이 있다. 꽃은 5수성 이상으로 6~7월에 흰색의 꽃이 피며 꽃이 지면서 열매가 붉은색으로 익으며 식용 가능하다. 낙엽송 및 혼합림 숲 근처나 대초원에 흔히 자생한다.

분포지: Khentei, Khangai, Mongol–Daurian, Great Khingan

긴잎갈퀴 *Galium boreale* L.

과명: Rubiaceae (꼭두서니과) **속명:** *Galium* (갈퀴덩굴속)

다년생 초본 식물이고 줄기가 직립하며 잎맥은 평행맥으로 3개의 맥이 뚜렷하다. 방사형의 잎이 4장씩 마주보며 나있다. 꽃은 4수성으로 6~7월 경 원추화서로 흰색의 꽃이 핀다. 낙엽송 및 혼합림의 숲속 또는 숲의 변두리, 강둑이나 암석지 주변에 주로 자생한다.

분포지: Khubsgul, Khentei, Khangai, Mongol–Daurian, Great Khingan, Khobdo, Mongolian Altai, East Mongolia, Gobi–Altai, Dzungarian Gobi

솔나물 *Galium verum* L.

과명: Rubiaceae (꼭두서니과) **속명**: *Galium* (갈퀴덩굴속)

다년생 초본 식물로 직립성이 강하고 잎맥은 평행맥이다. 마디마다 선형의 가는 잎이 5~12장이 둘러나기 하며 줄기 꼭대기에 조밀하게 4수성으로 원추화서 형태로 노란색의 꽃이 핀다. 개화기는 6~7월 경이다.

분포지: Khubsgul, Khentei, Khangai, Mongol–Daurian, Great Khingan, Khobdo, Mongolian Altai, Middle Khalkha, East Mongolia, Depression of Great Lakes, Gobi–Altai, Dzungarian Gobi

산용담 *Gentiana algida* Pall.

과명: Gentianaceae (용담과) 속명: *Gentiana* (용담속)

다년생 초본으로 높이는 10~30cm 정도 자란다. 로젯트형의 식물체에 꽃대가 직립해 자라 나온다. 잎맥은 평행맥으로 선형 또는 타원형이고 꽃은 종상이며 취산 화서로 7~9월 경에 핀다. 꽃의 크기는 4~5cm 정도로 밝은 녹색 또는 노란색이거나 약간 흰색으로 피며 보라색의 점이 있다. 습지와 늪 초원 이끼가 덮인 툰드라 지역이나 키 작은 자작나무 주변 낙엽송 숲 주변에 주로 자생한다.

분포지: Khubsgul, Khentei, Khangai, Khobdo, Mongolian Altai, Gobi-Altai

흰그늘용담 *Gentiana aquatica* var. *pseudoaquatica* (Kusn.) S.Agrawal

과명: Gentianaceae (용담과) 속명: *Gentiana* (용담속)

1년생 초본 식물로 1~5cm정도로 키가 매우 작다. 로젯형의 식물체에서 여러 갈래로 분지하여 꽃대가 신장한다. 잎맥은 평행맥이며 타원형으로 잎자루가 거의 없으며 돌려나기 한다. 6~7월 경 신장한 꽃줄기 정상부에 종상의 꽃이 연한 하늘색을 띠며 핀다. 강 또는 호수 주변, 알칼리성 초원에 주로 자생한다.

분포지: Khubsgul, Khentei, Khangai, Mongol-Daurian, Khobdo, Mongolian Altai, Middle Khalkha, East Mongolia, Gobi-Altai

Gentiana macrophylla Pall.

과명: Gentianaceae (용담과) 속명: *Gentiana* (용담속)

다년생 초본 식물이며 키는 10~30cm 정도 자란다. 잎맥은 평행맥으로 선형이며 꽃은 종상으로 6~7월 경 길게 자란 줄기의 끝에 뭉쳐서 핀다. 꽃색은 바이올렛 색상을 띤다. 꽃받침 길이는 6mm 정도로 화관 보다 3배 정도 짧다. 낙엽송 및 혼합림 숲속, 숲변두리, 물가주변, 초원, 계곡주변 등에 자생한다.

분포지: Khubsgul, Khentei, Khangai, Mongol-Daurian, Great Khingan, Khobdo, Mongolian Altai, Gobi-Altai, Dzungarian Gobi

Gentiana decumbens L.f.

과명: Gentianaceae (용담과) 속명: Gentiana (용담속)

다년생 초본 식물로 키는 10~30cm 정도 자라며 로젯트형 식물체에서 7월 경 꽃, 줄기가 신장하면서 꽃대가 나온다. 잎맥은 평행맥으로 선형 또는 피침형이며 줄기 끝에 꽃이 여러 개가 모여 핀다. 꽃은 종형으로 피며 꽃색은 짙은 청색 또는 보라색이다. 스텝과 초원 알칼리성 토질의 물가주변, 대초원, 암석지 주변에 주로 자생한다.

분포지: Khubsgul, Khentei, Khangai, Mongol–Daurian, Great Khingan, Khobdo, Mongolian Altai, Middle Khalkha, East Mongolia, Depression of Great Lakes, Valley of Lakes, Gobi–Altai, Dzungarian Gobi

Gentiana uniflora Georgi

과명: Gentianaceae (용담과) 속명: *Gentiana* (용담속)

다년생 초본 식물로 키는 7~15cm 정도 자란다. 잎맥은 평행맥으로 둔각, 난형이며 꽃잎은 종상으로 핀다. 꽃받침은 화관보다 두 배 정도 짧으며 화관은 3.5~4cm 정도이다. 꽃색은 청색 또는 보라색이며 통꽃을 싸고 있는 포엽은 검은색을 띤다. 개화기는 7월 경이다. 고산지대의 산능선이나 툰드라초원지역에 자생한다.

분포지: Khubsgul, Khangai, Khobdo, Mongolian Altai

Gentianella acuta (Michx.) Hult.

과명: Primulaceae (용담과) 속명: *Glaux* (난쟁이용담속)

1년생 초본 식물로 키는 20~40cm 정도 자란다. 용담과 비슷하지만 용담에 비해 꽃잎의 크기가 짧고 통상의 꽃 길이가 비교적 긴 편이다. 잎은 평행맥이고 꽃받침잎은 좁은 피침형으로 5~9mm 정도로 화관 길이에 비해 조금 작으며 화관을 싸고 있는 듯 나왔다. 꽃색은 연한 분홍색을 띠며 8~9월 경 핀다. 물이 쉽게 범람하는 숲 또는 초원과 낙엽송 숲, 숲의 가장자리 등에 자생한다.

분포지: Khubsgul, Khentei, Khangai, Mongol-Daurian, Khobdo, Mongolian Altai, Middle Khalkha, East Mongolia, Gobi-Altai

수염용담 *Gentianopsis barbata* (Froel.) Ma

과명: Gentianaceae (용담과) 속명: *Gentianopsis* (수염용담속)

1년생 또는 2년생 초본 식물로 8~40cm까지 자란다. 직립성이며 마디마다 분지하여 꽃대가 신장한다. 잎맥은 평행맥이며 모양은 도피침형이다. 꽃은 종형으로 꽃잎은 끝에서 4갈래로 갈라진다. 꽃받침잎은 화관에 절반정도의 길이로 7~20mm 정도 되며 꽃색은 청색 또는 보라색을 띠며 8월 경 개화한다. 강이나 호수주변, 버드나무와 낙엽송 숲주변, 고산의 자작나무 아래에 주로 자생한다.

분포지: Khubsgul, Khentei, Khangai, Mongol—Daurian, Great Khingan, Khobdo, Mongolian Altai, Middle Khalkha, East Mongolia, Depression of Great Lakes, Gobi—Altai , Dzungarian Gobi

산쥐손이 *Geranium dahuricum* DC.

과명: Geraniaceae (쥐손이풀과) 속명: *Geranium* (쥐손이풀속)

다년생 초본 식물이며 26~60cm 정도 자란다. 잎맥은 장상맥이고 손바닥 모양으로 분열하며 꽃은 5수성 이상으로 어두운 보라색으로 핀다. 꽃잎에 짙은 보라색의 선이 5~7개 정도 뚜렷하게 있으며 꽃밥은 푸른빛을 띤다. 개화기는 7~8월 경이며 주로 초원이나 버드나무 덤불주변에 자생한다.

분포지: Khubsgul, Khentei, Khangai, Mongol-Daurian, Great Khingan, Mongolian Altai, Depression of Great Lakes

Geranium pratense ssp. *transbaicalicum* (Serg.) Gubanov

과명: Geraniaceae (쥐손이풀과) 속명: *Geranium* (쥐손이풀속)

다년생 초본 식물이며 23~100cm까지 자란다. 잎맥은 장상맥이며 손바닥모양으로 분열하며 결각이 깊게 들어간다. 꽃잎은 5수성 이상이고 꽃색은 어두운 보라색이며 꽃밥은 검은색을 띤다. 6~7월 경에 개화하며 8~9월 경 결실하여 종자가 터져서 번식한다. 자작나무 숲이나 초원의 관목주변에 자생한다.

분포지: Khentei, Khangai, Mongol–Daurian, Great Khingan, East Mongolia

Geranium vlassovianum Fisch. ex Link

과명: Geraniaceae (쥐손이풀과) 속명: *Geranium* (쥐손이풀속)

다년생 초본 식물이며 30~60cm 정도 자란다. 잎맥은 장상맥이고 손바닥 모양으로 분열하며 분열한 작은 잎에 2~3회의 결각이 들어가 창 모양과 흡사하다. 식물체 전체에 잔털이 있으며 꽃은 5수성 이상으로 7~8월 경 개화하며 꽃색은 연한 분홍색을 띤다. 꽃잎에 짙은 적색의 선이 선명하게 드러난다. 꽃밥은 보라색을 띤다. 물가나 늪 주변, 초원, 습기 많은 낙엽송 및 혼합림 숲 주변에 자생한다.

분포지: Khubsgul, Khentei, Khangai, Mongol-Daurian, Great Khingan, East Mongolia

큰뱀무 *Geum aleppicum* Jacq.

과명: Rosaceae (장미과) **속명:** *Geum* (뱀무속)

다년생 초본 식물로 크기는 40~80cm까지 자란다. 꽃은 5수성 이상으로 황금색이나 노란색의 꽃잎을 가지고 있으며 꽃이 진 후 종실에 1.5cm의 긴 털이 달린다. 잎맥은 장상맥이며 난형으로 드문드문 털이 양면에 나 있다. 개화기는 6~8월 경이다.

분포지: Khentei, Khangai, Mongol–Daurian, Great Khingan, East Mongolia

감초 *Glycyrrhiza uralensis* Fisch.

과명: Fabaceae (콩과) **속명:** *Glycyrrhiza* (감초속)

다년생 초본 식물로 단단하고 긴 뿌리를 가지고 있다. 키는 30~120cm 정도 자라며 가지가 약간 사선으로 자란다. 잎은 우상복맥으로 주맥이 단단하고 노란색을 띤다. 꽃은 잎겨드랑이에서 꽃대가 신장하여 나며 꽃은 접형화관이고 장타원형으로 흰색에 보랏빛을 띠고 있으며 개화기는 6~7월 경이다.

분포지: Khentei, Khangai, Mongol-Daurian, Great Khingan, Middle Khalkha, East Mongolia, Depression of Great Lakes, Valley of Lakes, East Gobi, Gobi-Altai, Dzungarian Gobi, Transaltai Gobi, Alashan Gobi

Goniolimon speciosum (L.) Boiss.

과명: Plumbaginaceae (갯질경이과) 속명: *Goniolimon* (고니올리몬속)

2년생 또는 다년생 초본 식물로 10~50cm 정도 자란다. 잎맥은 망상맥으로 넓은 피침형 또는
난형으로 2~3cm의 크기이다. 꽃은 분꽃형으로 산방화서 또는 원추화서로 2~3가지로 분지되며 조
밀하게 핀다. 꽃색은 어두운 보라색이나 황색으로 6~7월 경 핀다.

분포지: Khubsgul, Khentei, Khangai, Mongol–Daurian, Great Khingan, Khobdo, Mongolian Altai,
　　　　Middle Khalkha, East Mongolia, Depression of Great Lakes, Gobi–Altai, Dzungarian Gobi,
　　　　Transaltai Gobi

Grossularia acicularis (Sm.) Spach

과명: Grossulariaceae (까치밥나무과) 속명: *Grossularia* (그로술라리아속)

관목, 아관목, 유사관목으로 분류하며 크기는 0.5m 정도 자란다. 잎맥은 망상맥으로 손바닥 모양에 깊은 골이 있으며 잎맥이 뚜렷하다. 줄기에 길고 날카로운 가시가 사방으로 나왔다. 꽃은 5수성 이상으로 흰색을 띠며 피는데 개화기는 6~7월 경이다. 열매는 구형으로 처음엔 녹색이다가 익으면서 적색으로 변한다.

분포지: Khentei, Khangai, Mongol–Daurian, Khobdo, Mongolian Altai, Gobi–Altai, Dzungarian Gobi

손바닥난초 *Gymnadenia conopsea* (L.) R. Br.

과명: Orchidaceae (난과) 속명: *Gymnadenia* (손바닥난초속)

다년생 초본 식물로 20~60cm 정도 자란다. 괴경이 4~6갈래로 갈라진 모습이 손가락 모양과 흡사하다. 잎맥은 평행맥으로 선형 또는 창끝모양이며 꽃받침잎은 피침형이다. 꽃은 난초꽃 모양으로 7~8월 경 자주색 또는 핑크색으로 아래로부터 피면서 올라간다.

분포지: Khubsgul, Khentei, Khangai, Mongol-Daurian, Great Khingan

Gypsophila davurica Turcz. ex Fenzl

과명: Caryophyllaceae (석죽과) 속명: *Gypsophila* (대나물속)

다년생 초본 식물로 키는 50~80cm 정도 자라며 식물체는 갈색 또는 회색, 회녹색을 띤다. 잎맥은 평행맥이며 꽃은 패랭이꽃형으로 피는데 흰색 또는 연한 핑크색을 띤다. 작은 꽃들이 수상 꽃차례로 피며 개화기는 6~8월 경이다.

분포지: Khentei, Khangai, Mongol-Daurian, Great Khingan, Middle Khalkha, East Mongolia, Gobi-Altai

닻꽃 *Halenia corniculata* (L.) Cornaz

과명: Gentianaceae (용담과)　속명: *Halenia* (쓴풀속)

다년생 초본 식물로 키는 10~80cm 정도 자란다. 잎은 평행맥으로 장타원형으로 마주나기 한다. 꽃은 4개의 뿔이 달린 종형으로 흰색바탕에 중앙은 연한 노란색을 띤다. 개화기는 6~7월 경 이며 일본, 한국, 몽골, 러시아등에 분포한다.

분포지: Khubsgul, Khentei, Khangai, Mongol-Daurian, Great Khingan, Middle Khalkha, Gobi-Altai

Haplophyllum davuricum (L.) G. Don fil.

과명: Rutaceae (운향과) 속명: *Haplophyllum* (하플로필룸속)

다년생 초본 식물로 나무가 울창한 숲 아래 주로 자생하며 키는 10~20cm 정도 자란다. 전초가 회녹색을 띤다. 잎맥은 망상맥으로 피침형이고 어긋나기로 달린다. 뿌리 기부에서 여러 개의 가지로 분지되며 꽃은 5수성 이상으로 줄기 상단에 여러 개가 모여서 핀다. 꽃색은 노란색이고 개화기는 6~7월 경이다.

분포지: Khentei, Khangai, Mongol–Daurian, Great Khingan, Khobdo, Middle Khalkha, East Mongolia, Valley of Lakes, East Gobi, Gobi–Altai

1	2	3	4	5	6	7	8	9	10	11	12

Haloxylon ammodendron (C. A. Mey.) Bunge ex Fenzl

과명: Amaranthaceae (비름과) 속명: *Haloxylon* (할록실론속)

다년생 관목 식물로 크기는 1~4m까지 자라며 회색 또는 흰색의 부서지기 쉬운 나무껍질로 싸여 있다. 잎은 구분이 명확하지 않으나 침형으로 생겼으며 꽃은 5수성 이상으로 핀다. 개화기는 6~7월 경이다. 남쪽 고비사막에 주로 분포하며 낙타들에게 중요한 먹이가 된다.

분포지: Mongolian Altai, Depression of Great Lakes, Valley of Lakes, East Gobi, Gobi-Altai, Dzungarian Gobi, Transaltai Gobi, Alashan Gobi

| 1 | 2 | 3 | 4 | 5 | 6 | 7 | 8 | 9 | 10 | 11 | 12 |

묏황기 | *Hedysarum alpinum* L.

과명: Fabaceae (콩과) 속명: *Hedysarum* (헤디사룸속)

다년생 초본 식물로 키는 50~100cm 정도 자란다. 잎맥은 우상복맥이며 장타원형으로 잎줄기에 두 장 씩 마주나기로 달린다. 꽃은 접형화관으로 줄기 끝에 자주색 또는 보라색의 꽃이 총상화서로 달린다. 개화기는 6~7월 경이다.

분포지: Khubsgul, Khentei, Khangai, Mongol–Daurian, Great Khingan, Khobdo, East Mongolia

애기원추리 *Hemerocallis minor* Mill.

과명: Hemerocallidaceae (원추리과) **속명:** *Hemerocallis* (원추리속)

다년생 초본 식물로 25~60cm 정도 자란다. 잎맥은 평행맥이며 선형으로 가늘고 길게 자란다. 꽃은 백합꽃형으로 줄기 끝에 연노랑으로 2~3송이가 순차적으로 핀다. 개화기는 6~8월 경이다.

분포지: Khubsgul, Khentei, Khangai, Mongol-Daurian, Great Khingan, Middle Khalkha, East Mongolia

지칭개 *Hemistepta lyrata* Bunge

과명: Asteraceae (국화과) **속명:** *Hemistepta* (지칭개속)

2년생 초본 식물로 크기는 60~80cm까지 자란다. 잎은 망상맥이며 근생엽은 거꿀피침모양 또는 긴 타원형이고 밑 부분이 좁아지며 길이 7~21cm로서 뒷면에 백색 털이 밀생하고 우상으로 갈라지며 정열편은 세모진 모양으로 3개로 갈라지고, 측열편은 7~8 쌍으로 밑으로 갈수록 점차 작아지며 톱니가 있다. 꽃은 국화꽃형으로 5~7월 경 피며 머리모양꽃차례는 홍자색의 통꽃만이며 줄기나 가지 끝에 1개 씩 위를 향해 달린다.

분포지: Khentei, Khangai, Mongol–Daurian, Great Khingan, Mongolian Altai, Middle Khalkha, East Mongolia, Depression of Great Lakes, Valley of Lakes, East Gobi, Gobi–Altai

Hesperis flava Georgi

과명: Brassicaceae (십자화과) 속명: *Erysimum* (쑥부지깽이속)

다년생 초본 식물로 키는 10~60cm 정도 자란다. 잎맥은 망상맥이고 선형 또는 도피침형으로 8.8~2cm 정도 되며 꽃은 4수성으로 산방형으로 피며 자실 소화경이 두갈래로 갈라져 있다. 개화기는 주로 6월 경이고 7~9월에 결실한다. 숲속의 공터 건조한 초원, 산악 또는 아고산대 지역에 주로 자생한다.

분포지: Khubsgul, Khentei, Khangai, Mongol-Daurian, Great Khingan, Khobdo, Mongolian Altai, Middle Khalkha, East Mongolia, Depression of Great Lakes, Gobi-Altai

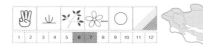

1	2	3	4	5	6	7	8	9	10	11	12

Heracleum sphondylium subsp. *montanum* (Schleich. ex Gaudin) Briq.

과명: Apiaceae (산형과) 속명: *Heracleum* (어수리속)
다년생 초본 식물로 50~150cm 정도 자라는 키가 큰 식물로 잎맥은 장상복맥이고 소엽은 골이 깊고 결각이 두드러진다. 꽃은 5수성 이상으로 우산형태로 모여 핀다. 꽃색은 흰색이며 개화기는 6~7월 경이다.

분포지: Khubsgul, Khentei, Khangai, Mongol-Daurian, Great Khingan, Khobdo, Mongolian Altai, East Mongolia, Depression of Great Lakes, Gobi-Altai

나도씨눈란 *Herminium monorchis* (L.)R. Br

과명: Orchidaceae (난과) 속명: *Herminium* (씨눈난초속)
다년생 초본 식물로 키는 5.5~35cm 정도 자란다. 덩이줄기는 타원형으로 생겼고 잎맥은 평행맥이며 난상피침형이다. 근생엽에서 6~7월 경 꽃줄기가 외대로 신장하며 자라고 꽃은 난초꽃형으로 연한 황색으로 돌려나기 하며 핀다.

분포지: Khentei, Khangai, Mongol-Daurian, Great Khingan, Middle Khalkha, Depression of Great Lakes

Heteropappus altaicus (Willd.) Novopokr.

과명: Asteraceae (국화과) 속명: *Heteropappus* (개쑥부쟁이속)

다년생 초본 식물로 키는 10~100cm까지 자란다. 잎맥은 망상맥으로 선형 또는 선상피침형이며 상부로 갈수록 가늘고 짧아진다. 꽃은 국화꽃형으로 피며 6~7월 경 보라색 또는 분홍색으로 핀다.

분포지: Khentei, Khangai, Mongol–Daurian, Great Khingan, Khobdo, Mongolian Altai, Middle Khalkha, East Mongolia, Depression of Great Lakes, East Gobi, Gobi–Altai, Dzungarian Gobi, Transaltai Gobi, Alashan Gobi

1	2	3	4	5	6	7	8	9	10	11	12

Hippophae rhamnoides L.

과명: Elaeagnaceae (보리수나무과) 속명: *Hippophae* (산자나무속)

관목 또는 교목으로 키는 1~15m까지 자란다. 암수 딴 그루로 이른 봄에 잎 겨드랑이 사이에 흰색 또는 미색의 꽃이 핀다. 잎맥은 망상맥이며 선형 또는 선형 피침형으로 생겼다. 잎의 윗면은 녹색이나 아래면은 회녹색을 띤다. 꽃은 나화형으로 개화기는 7월 경이며 열매는 구형 또는 장타원형으로 오렌지색 또는 붉은 색을 띠며 익는다.

분포지: Khangai, Mongol-Daurian, Khobdo, Mongolian Altai, Depression of Great Lakes, Valley of Lakes, Gobi-Altai, Dzungarian Gobi

쇠뜨기말풀 *Hippuris vulgaris* L.

과명: Hippuridaceae (쇠뜨기말풀과) 속명: *Hippuris* (쇠뜨기말풀속)

다년생 초본 수생식물로 크기는 60cm까지 자란다. 물속에서 뿌리줄기가 영양번식 하며 얕은 물에서 일부 물 밖에서 생육한다. 잎맥은 평행맥으로 마디에서 윤생하며 선형, 피침형으로 생겼다. 잎 겨드랑이사이에서 나화형태의 작은 꽃이 보라색을 띠며 핀다.

분포지: Khubsgul, Khentei, Khangai, Mongol-Daurian, Great Khingan, Khobdo, Mongolian Altai, Middle Khalkha, East Mongolia, Depression of Great Lakesm, Valley of Lakes, Gobi-Altai, Dzungarian Gobi

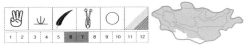

| 1 | 2 | 3 | 4 | 5 | 6 | 7 | 8 | 9 | 10 | 11 | 12 |

Hordeum brevisubulatum (Trin.) Link

과명: Poaceae (벼과) 속명: *Hordeum* (보리속)
다년생 초본 식물로 짧은 뿌리줄기를 가진 식물이다. 키는 30~50cm 정도 자란다. 잎맥은 평행맥이며 긴
선형이고 꽃은 나화형으로 개화기는 6~7월 경에 핀다.

분포지: Khubsgul, Khentei, Khangai, Mongol–Daurian, Great Khingan, Khobdo, Mongolian Altai,
Middle Khalkha, East Mongolia, Depression of Great Lakes, Valley of Lakes,
East Gobi, Gobi–Altai, Dzungarian Gobi

사리풀 *Hyoscyamus niger* L.

과명: Solanaceae (가지과) 속명: *Hyoscyamus* (사리풀속)
1년생 또는 이년생 초본 식물로 크기는 1m까지 자란다. 줄기와 잎이 잔털로 덮여 있고 잎맥은 망상맥이며 난형, 피침형 또는 긴 타원형이며 치아 또는 깃 모양을 닮았다. 꽃은 분꽃형으로 옅은 황색을 띠며 7~8월 경에 핀다.

분포지: Khentei, Khangai, Mongol–Daurian, Great Khingan, Mongolian Altai, Middle Khalkha, East Mongolia, Depression of Great Lakes, East Gobi, Gobi–Altai

Hypecoum lactiflorum (Kar. et Kir.) Pazij

과명: Hypecoaceae (히페코아과) 속명: *Hypecoum* (히페코움속)

1년생 초본 식물이며 크기는 10~30cm 정도 자란다. 전초가 청록색을 띠고 있으며 로젯트 형태를 유지하다가 추대하여 개화한다. 잎맥은 장상복맥이며 잎은 피침형, 도피침형이고 꽃은 4수성으로 흰색을 띠며 안쪽과 바깥쪽에 2장씩 나 있다. 개화기는 6~7월 경이다.

분포지: Khangai, Mongol-Daurian, Khobdo, Mongolian Altai, Middle Khalkha, East Mongolia, Depression of Great Lakes, Valley of Lakes, East Gobi, Gobi-Altai, Dzungarian Gobi, Transaltai Gobi, Alashan Gobi

물레나물 *Hypericum ascyron* L.

과명: Hypericaceae (물레나물과) 속명: *Hypericum* (물레나물속)

다년생 초본 식물로 0.5~1.3m 정도 자란다. 줄기는 직립성이 강하고 잎은 망상맥으로 마주나기 하며 장타원형 또는 피침형으로 생겼다. 꽃은 5수성 이상이며 노란색으로 피며 중앙에 암술하나가 수술보다 높게 돌출하며 나있다. 개화기는 주로 6~8월 경이다.

분포지: Khentei, Khangai, Mongol-Daurian, Great Khingan

| 1 | 2 | 3 | 4 | 5 | 6 | 7 | 8 | 9 | 10 | 11 | 12 |

금불초 *Inula britannica* L.

과명: Asteraceae (국화과) 속명: *Inula* (금불초속)

다년생 초본 식물로 크기는 10~40cm까지 자란다. 전초에 털이 밀생하며 잎맥은 망상맥으로 창끝 모양 또는 타원형으로 생겼다. 꽃은 국화꽃형으로 7~8월 경 두상화서로 노란색을 띠며 핀다.

분포지: Khubsgul, Khentei, Khangai, Mongol–Daurian, Great Khingan, Khobdo, Mongolian Altai, Middle Khalkha, East Mongolia, Depression of Great Lakes, Gobi–Altai, Dzungarian Gobi

솔붓꽃 *Iris ruthenica* Ker-Gawl.

과명: Iridaceae (붓꽃과) **속명:** *Iris* (붓꽃속)

다년생 초본 식물로 크기는 20cm 정도 자란다. 숲속 반음지에 주로 자생하고 잎맥은 평행맥이며 선형으로 가늘고 연약하다. 꽃대와 잎의 크기가 비슷한 높이에 위치한다. 꽃은 붓꽃형으로 진한 정색 또는 보라색을 띠며 6~7월 경 개화한다.

분포지: Khubsgul, Khentei, Khangai, Mongol–Daurian, Great Khingan

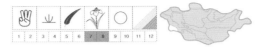

타래붓꽃 *Iris lactea* Pall.

과명: Iridaceae (붓꽃과) 속명: *Iris* (붓꽃속)

다년생 초본 식물로 크기는 35cm 정도까지 자란다. 뿌리 줄기가 두껍고 붉은 색을 띤다. 잎맥은 평행맥이며 선형으로 거칠고 맥이 뚜렷하다. 꽃은 붓꽃형으로 보라색으로 피고 개화기는 7~8월 경이다.

분포지: Khubsgul, Khentei, Khangai, Mongol–Daurian, Great Khingan, Khobdo, Mongolian Altai, Middle Khalkha, East Mongolia, Depression of Great Lakes, Valley of Lakes, East Gobi, Gobi–Altai, Transaltai Gobi, Alashan Gobi

Iris ventricosa Pall.

과명: Iridaceae (붓꽃과) 속명: *Iris* (붓꽃속)

다년생 초본 식물로 크기는 10~15cm정 도 자란다. 잎맥은 평행맥이며 가는 선형 또는 피침형으로 가늘고 길게 자란다. 꽃은 붓꽃형으로 연한 보라색으로 피며 개화기는 7월이다.

분포지: Great Khingan, East Mongolia

Juniperus sabina L.

과명: Cupressaceae (측백나무과)　속명: *Juniperus* (향나무속)
다년생 상록 관목이며 자웅 이주이며 드물게 자웅 동체인 것도 있다. 잎은 평행맥이며 비늘잎과 바늘상
의 잎을 함께 가지고 있다. 꽃은 나화형이며 5~6월 경에 개화한다. 바위 산 경사지와 모래 언덕에 숲이
나 덤불을 이루고 있으며 남고비 지역에 넓게 분포하고 있다.

분포지: Khentei, Khangai, Mongol-Daurian, Khobdo, Mongolian Altai, Middle Khalkha,
　　　　Depression of Great Lakes, Gobi-Altai, Dzungarian Gobi

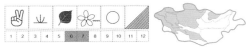

Koenigia islandica L.

과명: Polygonaceae (마디풀과) 속명: *Koenigia* (코에니기아속)

2년생 초본 식물로 붉은색의 직립줄기를 가지며 키는 3~8cm로 작은 편이다. 잎맥은 망상맥으로 어긋나기로 나오나 간혹 마주나기도 한다. 1mm 크기의 작은 꽃들이 무수하게 핀다. 꽃은 5수성 이상으로 개화기는 6~7월 경이다.

분포지: Khubsgul, Khentei, Khangai, Khobdo, Mongolian Altai, Depression of Great Lakes, Gobi-Altai

자주방가지똥 *Lactuca sibirica* (L.) Maxim.

과명: Asteraceae (국화과) 속명: *Lactuca* (왕고들빼기속)
다년생 초본 식물로 1m까지 자란다. 줄기는 직립하며 단단하고 드물게 거치가 나타나며 잎은 망상맥이
다. 꽃은 국화꽃형으로 청색 또는 보라색으로 핀다. 개화기는 6~7월 경이다.

분포지: Khentei, Khangai, Mongol–Daurian, Great Khingan, Khobdo, East Mongolia,
　　　　Valley of Lakes

Lagochilus ilicifolius Bunge ex Benth.

과명: Lamiaceae (꿀풀과) 속명: *Lagochilus* (흰꽃광대나물속)

다년생 초본 식물로 키는 10~20cm 정도 자란다. 잎맥은 망상맥이며 마름모 꼴형으로 생겼으며 몇 차례 갈라져 가장자리가 가시처럼 날카롭다. 꽃은 불규칙 합판화형으로 흰색 또는 미색을 띠며 피고 개화기는 7~8월 경이다.

분포지: Khangai, Mongolian Altai, Middle Khalkha, Depression of Great Lakes, Valley of Lakes, East Gobi, Gobi-Altai, Transaltai Gobi, Alashan Gobi

Lamium album subsp. *barbatum* (Siebold & Zucc.) Mennema

과명: Lamiaceae (꿀풀과) 속명: *Lamium* (꿀풀속)

다년생 초본 식물로 키는 30~60cm까지 자라며 줄기에 털이 나있다. 잎맥은 망상맥이며 1~6cm 크기에 뾰족한 편으로 톱니가 있고 7월~10월 까지 불규칙합판화형의 꽃이 흰색 또는 미색을 띠며 핀다.

분포지: Khentei, Mongol–Daurian, Great Khingan, Mongolian Altai, East Mongolia

Lagostis integrifolia (Wild.) Schischk

과명: Plumbaginaceae (갯질경이과) 속명: *Goniolimon* (라고티스속)
다년생 초본 식물로 키는 10~40cm까지 자라며 잎맥은 망상맥이고 장타원형으로 생겼으며 호수
주변이나 계곡 근처에서 흔히 자란다. 꽃대가 잎 중앙에서 추대하여 몇 차례 분지하며 여러 송이의
꽃이 모여 핀다. 꽃은 통상병꽃형으로 연한 분홍 또는 보랏빛의 꽃이 6~8월 경 핀다.

분포지: Khubsgul, hentei, Khangai, Mongol–Daurian, Great Khingan, Khobdo, Mongolian Altai,
Middle Khalkha, East Mongolia, Depression of Great Lakes, Gobi–Altai,
DzungarianGobi, Transaltai Gobi

Larix sibirica Ledeb.

과명: Pinaceae (소나무과) 속명: *Larix* (잎갈나무속)

40m까지 자라는 교목성 수목으로 짙고 거친 갈색의 수피를 가지며 어린 묘목의 경우 회색의 털이 가지에 있다. 잎맥은 평행맥이고 침형으로 생겼으며 여러 개가 모여서 난다. 꽃은 나화형으로 5~6월 경 개화 한다. 솔방울은 2~4cm 크기의 동그란 계란모양이며 털이 달려 있고 22~40개의 솔방울을 이룬다.

분포지: Khubsgul, Khentei, Khangai, Mongol—Daurian, Khobdo, Mongolian Altai, Middle Khalkha, Depression of Great Lakes, Dzungarian Gobi

Leontopodium campestre Hand.-Mazz.

과명: Asteraceae (국화과) 속명: *Leontopodium* (솜다리속)

다년생 초본 식물로 초장이 10cm 정도 이며 하나의 줄기 혹은 여러 개의 줄기가 함께 나타난다. 줄기는 회백색의 털로 둘러 싸여 있으며 잎맥은 망상맥이며 잎모양은 피침형으로 끝이 둥글고 전체가 회색의 털로 둘러 싸여 있다. 꽃은 국화꽃형으로 여러개의 두상화가 모여나며 6~9월 경에 개화 한다.

분포지: Khubsgul, Khentei, Khangai, Mongolian Altai, East Mongolia, Gobi-Altai, Dzungarian Gobi

Leontopodium ochroleucum Beauverd

과명: Asteraceae (국화과) 속명: *Leontopodium* (솜다리속)

다년생 초본 식물로 키는 10cm 정도 자란다. 근경이 매우 짧고 지하로 뻗어 나가며 로제트 밀도가 높은 줄기의 다발과 항균작용을 하는 잎으로 이루어진다. 잎맥은 망상맥이고 잎모양은 타원형 또는 피침형이 불규칙적으로 나타난다. 꽃은 국화꽃형으로 여러개의 두상화가 모여피며 흰색 혹은 어두운 흰색의 꽃이 7~9월 경에 개화한다.

분포지: Khobdo, Mongolian Altai

Leonurus pseudopanzerioides Krestovsk.

과명: Lamiaceae (꿀풀과) 속명: *Leonurus* (익모초속)

다년생 초본 식물로 키는 30~60cm 정도 자란다. 줄기와 잎이 매우 짧고 연한 털로 덮여 있으며 잎맥은 장상맥이며 손바닥형태를 띠고 있다. 꽃은 불규칙 합판화형으로 꽃받침은 뚜렷한 양순형을 띠고 있고 윗부분의 경우 튜브형태로 약하게 오목한 형태이나 아랫부분은 심하게 구부러져 있는 형태를 하고 있다. 개화기는 7~8월 경이다.

분포지: Khobdo, Mongolian Altai, Dzungarian Gobi

바디풀 *Leptopyrum fumarioides* (L.) Reichenb.

과명: Ranunculaceae (미나리아재비과) 속명: *Leptopyrum* (바디풀속)

다년생 초본 식물로 키는 15~30cm 정도 자란다. 잎맥은 장상복맥이며 연한 줄기 기부에서 잎이 나오며 긴 잎자루를 가지고 있다. 꽃은 5수성 이상으로 0.5~1cm 크기로 매우 작고 노란색의 수술과 심피가 생략이 되는 경우가 있으며 5~20개의 소낭이 달린다. 개화기는 7~8월 경이다.

분포지: Khubsgul, Khentei, Khangai, Mongol-Daurian, Khobdo, Mongolian Altai, Middle Khalkha, East Mongolia, Gobi-Altai

Libanotis buchtormensis (Fisch.) DC.

과명: Apiaceae (산형과)　속명: *Seseli* (털기름나물속)

다년생 초본성 식물로 키 0.5~1m 정도 자란다. 호수주변의 잔자갈지역에 주로 자생한다. 줄기는 자색을 띠며 잎맥은 장상복맥으로 긴 잎자루에 작은 잎들이 3회 이상 분할한다. 꽃은 5수성으로 복산형화서로 피며 개화기는 주로 7~8월 경이다.

분포지: Mongolian Altai, Dzungarian Gobi

Ligularia sibirica (L.) Cass.

과명: Asteraceae (국화과) 속명: *Ligularia* (곰취속)

다년생 초본 식물로 키는 0.2~2.2m 크기로 다양하게 나타나며 그늘진 습지지역에서 잘 자라는 편
이다. 잎맥은 장상맥이며 둥글고 큰 편으로 거치가 있다. 꽃은 국화꽃형으로 노란색의 꽃이 7~10월 경에
개화한다.

분포지: Khubsgul, Khentei, Khangai, Mongol-Daurian, Great Khingan, East Mongolia

날개하늘나리 *Lilium dauricum* (L.) Ker-Gawl.

과명: Liliaceae (백합과) 속명: *Lilium* (백합속)
다년생 초본 식물로 키는 30~90cm이며 잎맥은 평행맥으로 피침형의 매끈한 형태이다. 꽃은 백합꽃형으로
황적색의 바탕에 반점이 있고 7~8월 경에 하늘을 향해 개화한다.

분포지: Khentei, Mongol–Daurian, Great Khingan

Lilium martagon L

과명: Liliaceae (백합과) 속명: *Lilium* (백합속)

다년생 초본 식물로 키는 30~70cm 정도 자란다. 넓은 계란형의 인경을 가지고 있다. 줄기에는 보라색 줄무늬와 털이 나타나고 화피는 좁은 형태로 보라색과 붉은색이 함께 나타난다. 잎맥은 평행맥이며 잎모양은 피침형 또는 도피침형이고 꽃은 백합꽃형으로 땅을 향해 피는데 개화기는 6~8월 경이다.

분포지: Khubsgul, Khentei, Khangai, Mongol-Daurian, Great Khingan, Khobdo, Mongolian Altai

큰솔나리 *Lilium pumilum* Delile

과명: Liliaceae (백합과) 속명: *Lilium* (백합속)

다년생 초본 식물이며 키는 1m까지 자라며 인편을 통해 번식한다. 잎맥은 평행맥으로 뾰족한 바늘모양이다. 백합꽃형의 붉은색 꽃이 땅을 향해 피며 개화기는 7~8월 경이다. 해발 400~2,600m 사이의 높은 지역에서 자생한다.

분포지: Khubsgul, Khentei, Khangai, Mongol-Daurian, Great Khingan, Middle Khalkha, East Mongolia

Limonium aureum (L.) Hill ex Kuntze

과명: Plumbaginaceae (갯질경이과) 속명: *Limonium* (갯질경이속)

다년생 초본 식물이며 키는 4~25cm 정도 자란다. 전초에 털이 있으며 붉은 갈색 또는 진한 갈색을 띠며 뿌리는 직근성이다. 잎맥은 망상맥이며 좁은 잎자루에 잎모양은 도피침형이다. 꽃은 분꽃형으로 원추화서에서 발생하는 여러 개의 가지에 모여 피기한다. 개화기는 주로 6~8월 사이이다.

분포지: Khangai, Mongol-Daurian, Great Khingan, Khobdo, Mongolian Altai, Middle Khalkha, East Mongolia, Depression of Great Lakes, Valley of Lakes, East Gobi, Gobi-Altai, Transaltai Gobi, Alashan Gobi

Limonium bicolor (Bunge) Kuntze

과명: Plumbaginaceae (갯질경이과) 속명: *Limonium* (갯질경이속)

다년생 초본 식물로 키는 20~50cm 정도 자란다. 뿌리는 직근성이며 붉은 갈색이나 진한 갈색을 띤다. 잎맥은 망상맥으로 넓은 잎자루에 장방형의 주걱모양이다. 전초는 은녹색을 띠며 꽃은 분꽃형으로 원추화서에 여러 개로 가지가 분지되며 가지 끝에 꽃이 모여 핀다. 보라색의 꽃이 7~8월에 핀다.

분포지: Mongol—Daurian, Khobdo, Middle Khalkha, East Mongolia, Valley of Lakes, East Gobi, Gobi—Altai

Limonium flexuosum (L.) O. Kuntze

과명: Plumbaginaceae (갯질경이과) 속명: *Limonium* (갯질경이속)
다년생 초본 식물이며 키는 10~30cm 정도 자란다. 직근성의 뿌리를 가지고 있으며 붉은 갈색 또는
검은 갈색을 띤다. 잎맥은 망상맥이며 도피침형 또는 도란형 타원형으로 생겼다. 꽃은 분꽃형이며
원추화서로 가지가 어긋나기로 달리며 분홍색 또는 적색의 꽃이 모여나기로 핀다.

분포지: Khubsgul, Khentei, Khangai, Mongol–Daurian, Khobdo, Mongolian Altai, Middle Khalkha,
East Mongolia, Gobi–Altai

| 1 | 2 | 3 | 4 | 5 | 6 | 7 | 8 | 9 | 10 | 11 | 12 |

Linaria acutiloba Fish.ex Reichb.

과명: Scrophulariaceae (현삼과) 속명: *Linaria* (해란초속)
다년생 초본 식물로 20~70cm까지 자란다. 전초는 은녹색을 띠며 잎맥은 망상맥으로 긴타원형 또
는 선형, 피침형이다. 꽃은 불규칙 합판화형으로 흰색이며 중앙에 돌출부위가 노란색을 띠며 하늘
을 향해 핀다. 개화기는 6~8월 경이다.

분포지: Khubsgul, Khentei, Khangai, Mongol-Daurian, Khobdo, Mongolian Altai,
　　　 Middle Khalkha, Gobi-Altai, Dzungarian Gobi

1	2	3	4	5	6	7	8	9	10	11	12

린네풀 *Linnaea borealis* L

과명: Caprifoliaceae (인동과) 속명: *Linnaea* (린네풀속)
다년생 상록 초본 식물로 크기 5~10cm 정도 자란다. 잎맥은 망상맥으로 공모양으로 생겼다. 꽃은
통상병꽃형으로 연한 핑크색으로 핀다. 침엽수림, 이끼 낀 바위주변 이끼와 함께 자라며 개화기는
7~8월 경이다.

분포지: Khentei, Khangai, Mongol–Daurian

Linum altaicum Ledeb. ex Juz.

과명: Linaceae (아마과) 속명: *Linum* (아마속)

1년생 초본 식물로 키는 40~60cm 정도 자라며 줄기는 곧게 서고 윗부분에서 가지가 갈라진다. 잎맥은 장상맥으로 어긋나기로 달리며 선형이다. 잎 길이는 1~3cm이며 끝이 뾰족하고 잎자루가 거의 없다. 가장자리는 밋밋하며 뚜렷한 3맥이 있다. 꽃은 6~7월에 1cm정도의 크기로 피고 꽃모양은 5수성 이상이며 연분홍색의 바탕에 진한 보라색의 맥이 있다. 수술은 5개이며 암술은 1개이다. 열매는 둥글며 삭과이다.

분포지: Khubsgul, Khentei, Khangai, Mongol–Daurian, Great Khingan, Khobdo, Mongolian Altai, Middle Khalkha, East Mongolia, Depression of Great Lakes, Valley of Lakes, East Gobi, Gobi–Altai, Dzungarian Gobi

개감채 *Lloydia serotina* (L.) Reichenb.

과명: Liliaceae (백합과) 속명: *Lloydia* (개감채속)

다년생 초본 식물로 구근을 가지고 있으며 키는 3~20cm 정도 자란다. 잎맥은 평행맥으로 선형이고 꽃은 백합꽃형으로 흰색으로 핀다. 개화기는 6~8월 경이며 종자는 초승달 모양이며 검게 익는다.

분포지: Khubsgul, Khentei, Khangai, Khobdo, Mongolian Altai, Gobi-Altai

Lomatogonium carinthiacum (Wulfen) A.Braun

과명: Gentianaceae (용담과) 속명: *Lomatogonium* (로마토고니움속)

1년생 초본 식물로 키는 3~30cm 정도 자란다. 뿌리 기부에서 여러 개의 줄기가 분지하고 직립하며 자란다. 잎맥은 평행맥으로 피침형, 타원형 또는 난상 타원형이고 꽃은 5수성 이상으로 달걀모양과 비슷하며 끝은 창끝처럼 뾰족하다. 꽃 색은 연한 보라색 또는 흰색에 짙은 보라색의 줄무늬가 선명하게 들어있다. 개화기는 7~8월 경이다.

분포지: Khubsgul, Khentei, Khangai, Mongol-Daurian, Khobdo, Mongolian Altai

Lomatogonium rotatum (L.) Fr. ex Fernald

과명: Gentianaceae (용담과) 속명: *Lomatogonium* (로마토고니움속)

1년생 초본 식물로 키는 15~40cm 정도 자란다. 줄기는 직립하며 잎맥은 평행맥이며 선형 피침형이다.
꽃은 5수성 이상으로 꽃색은 옅은 보라색이다가 점차 흰색에 가깝게 변한다. 개화기는 7~8월 경이다.

분포지: Khubsgul, Khentei, Khangai, Mongol–Daurian, Great Khingan, Khobdo, Mongolian Altai,
    Depression of Great Lakes, Dzungarian Gobi

Lonicera caerulea subsp. *altaica* (Pall.) Gladkova

과명: Caprifoliaceae (인동과) 속명: *Lonicera* (인동속)

낙엽성 관목으로 키는 1.5m 정도 자란다. 잎은 청록색, 녹색을 띤다. 잎맥은 망상맥으로 장타원형이고 꽃은 통상병꽃형으로 피며 꽃이 진 후 긴 장타원형의 열매가 짙은 보라색을 띠며 익는다. 개화기는 6~7월 경이다.

분포지: Khubsgul, Khentei, Khangai, Mongol-Daurian, Khobdo, Mongolian Altai,
        Depression of Great Lakes, Gobi-Altai

Lonicera microphylla Willd. ex Schult

과명: Caprifoliaceae (인동과)　속명: *Lonicera* (인동속)

다년생 관목 식물로 크기는 0.8~1.5m 정도 자란다. 잎맥은 망상맥이고 타원형 또는 장타원형으로 생겼으며 잎자루는 매우 짧다. 꽃은 통상병꽃형으로 잎 끝이 5갈래로 갈라지며 흰색 또는 미색을 띠며 핀다. 개화기는 6~7월 경이다.

분포지: Khangai, Khobdo, Mongolian Altai, Depression of Great Lakes, Gobi-Altai, Dzungarian Gobi

Lophanthus chinensis (Rafin.) Benth.

과명: Lamiaceae (꿀풀과) 속명: *Lophanthus* (로판서스속)

다년생 초본 식물이며 키는 30~60cm 정도 자란다. 전초가 밝은 녹색을 띠고 있으며 잎맥은 망상맥으로 난형, 심장 모양의 둥근 형태에 잎 가장자리에 결각이 뚜렷하게 들어 있다. 잎은 두 장이 마주나기로 나며 잎 표면에 주름이 두드러진다. 잎겨드랑이에서 꽃이 여러 개가 모여 핀다. 꽃모양은 불규칙 합판화형으로 밝은 보라색으로 피며 꽃받침은 적색을 띤다.

분포지: Khubsgul, Khentei, Khangai, Mongol-Daurian, Khobdo, Mongolian Altai, Middle Khalkha, East Mongolia, East Gobi, Gobi-Altai

Lychnis sibirica L.

과명: Caryophyllaceae (석죽과) 속명: Lychnis (동자꽃속)
다년생 초본 식물로 키 10~30cm 정도 자란다. 잎맥은 평행맥이며 가는 피침형 또는 선형으로 생겼다.
꽃은 패랭이꽃형으로 흰색에 연한 핑크색을 띠며 개화기는 7~8월 경이다.

분포지: Khubsgul, Khentei, Khangai, Mongol—Daurian, Great Khingan, East Mongolia

Lycium ruthenicum Murr.

과명: Solanaceae (가지과) 속명: *Lycium* (리키움속)

관목으로 키가 20~50cm 정도 자란다. 줄기가 많이 분지되며 회색 또는 약간 흰색을 띤다. 직립하며 자라고 잎은 어긋나기로 달리며 한곳에 여러 개의 잎이 모여 난다. 잎 모양은 선형, 도피침형이며 두툼하고 다육질이다. 꽃은 5수성 이상으로 피며 꽃잎은 짙은 보라색이며 개화기는 6~7월 경이다.

분포지: Depression of Great Lakes, Valley of Lakes, Gobi–Altai, Dzungarian Gobi, Transaltai Gobi, Alashan Gobi

갯봄맞이| *Lysimachia maritima* (L.) Galasso & Banfi & Soldano

과명: Primulaceae (앵초과) 속명: *Glaux* (갯봄맞이속)

다년생 초본 식물로 키는 3~25cm 정도 자란다. 줄기는 포복성으로 자라며 잎맥은 망상맥으로 선형 또는 좁은 타원형이고 잎자루는 거의 없다. 꽃은 5수성 이상이며 흰색을 띠며 개화기는 6~7월 경이다. 해변 진흙 투성이의 여울이나 염분 토양주변에 주로 서식한다.

분포지: Khubsgul, Khentei, Khangai, Mongol–Daurian, Great Khingan, Khobdo, Mongolian Altai, Middle Khalkha, East Mongolia, Depression of Great Lakes, Valley of Lakes, East Gobi, Gobi–Altai, Dzungarian Gobi, Transaltai Gobi, Alashan Gobi

Maianthemum bifolium (L.) F. W. Schmidt

과명: Convallariaceae (은방울꽃과) 속명: *Maianthemum* (두루미꽃속)

다년생 초본 식물로 크기는 8~20cm 정도 자란다. 잎맥은 평행맥이고 심장모양으로 생겼으며 꽃은 5수성 이상으로 흰색을 띠며 개화기는 5~7월 경이다. 주로 반음지의 숲속에 분포하며 꽃이 진후 황색의 둥근 열매가 달린다.

분포지: Khubsgul, Khentei, Khangai, Mongol—Daurian, Great Khingan

Medicago falcata L.

과명: Fabaceae (콩과) 속명: *Medicago* (개자리속)

다년생 초본 식물로 40~100cm까지 자란다. 줄기는 직립하여 자라고 턱잎은 선형 피침형이고 창모양으로 끝이 뾰족하다. 잎은 우상복맥으로 잎자루에 세장의 잎이 달린다. 잎모양은 타원형이며 소엽의 잎자루는 짧은 편이다. 꽃은 접형화관이며 6~8월 경 노란색으로 핀다.

분포지: Khentei, Khangai, Mongol-Daurian, Great Khingan, Khobdo, Mongolian Altai, Middle Khalkha, East Mongolia, Depression of Great Lakes, Valley of Lakes, East Gobi, Gobi-Altai, Dzungarian Gobi, Alashan Gobi

| | | | | | | | | | | | |
|1|2|3|4|5|6|7|8|9|10|11|12|

노랑개자리 *Medicago ruthenica* (L.) Trautv.

과명: Fabaceae (콩과) 속명: *Medicago* (개자리속)
다년생 초본 식물이며 키는 20~70cm 정도 자란다. 잎맥은 우상복맥으로 턱잎은 피침형이고 잎 모양은 도피침형, 선형, 장방형, 난형이며 꽃 모양은 접형화관이다. 6~9월 경 황색으로 피고 황갈색 화관은 6~9mm 정도 크기로 장방형 도란형으로 생겼다.

분포지: Khubsgul, Khentei, Khangai, Mongol-Daurian, Great Khingan, Middle Khalkha, East Mongolia, Valley of Lakes, East Gobi, Gobi-Altai

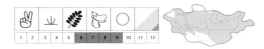

| 1 | 2 | 3 | 4 | 5 | 6 | 7 | 8 | 9 | 10 | 11 | 12 |

Melilotus dentatus (Waldst. et Kit.) Pers.

과명: Fabaceae (콩과)   속명: *Melilotus* (전동싸리속)

2년생 초본 식물이며 키는 20~50cm 정도 자란다. 줄기는 직립하며 잎맥은 우상복맥으로 턱잎은
피침형이며 좁은 삼각형이고 잎자루 끝에 2~3장의 잎이 달린다. 꽃은 접형화관으로 6~9월 까지
피며 노란색을 띤다.

분포지: Khentei, Khangai, Mongol–Daurian, Great Khingan, Mongolian Altai, Middle Khalkha,
        East Mongolia, Depression of Great Lakes, Valley of Lakes, East Gobi, Dzungarian Gobi

Mertensia davurica (Sims) G. Don

과명: Boraginaceae (지치과) 속명: *Mertensia* (갯지치속)

다년생 초본 식물로 키는 20~30cm 까지 자란다. 줄기는 직립하며 잎맥은 망상맥으로 근생엽은 난형, 타원형이고 상부의 잎 모양은 피침형 또는 선상 피침형이다. 꽃은 긴 통상병꽃형으로 꽃잎 끝은 5개로 갈라진다. 꽃색은 보라색이며 개화기는 6~8월 경이다.

분포지: khubsgul, Khentei, Khangai, Mongol–Daurian

Mertensia davurica var. *ochroleuca* (Ik.-Gal.) I.A. Gubanov

과명: Boraginaceae (지치과) 속명: *Mertensia* (갯지치속)

다년생 초본 식물로 키는 20~30cm 까지 자란다. 줄기는 직립하며 잎맥은 망상맥으로 근생엽은 난형, 타원형이고 잎은 피침형 또는 선상 피침형이다. 꽃은 긴 통상병꽃형으로 꽃잎 끝은 5개로 갈라진다. 꽃색은 흰색이며 개화기는 6~8월 경이다.

분포지: khubsgul, Khentei, Khangai, Mongol–Daurian

너도개미자리 *Minuartia laricina* (L.) Mattf.

과명: Caryophyllaceae (석죽과) 속명: *Minuartia* (개미자리속)

다년생 초본 식물로 키는 10~30cm 정도 자란다. 줄기가 많이 분지하고 포복하며 자란다. 전초에 털이 밀생하며 잎맥은 평행맥으로 포엽은 창끝 모양이고 꽃받침잎 또한 창끝처럼 뾰족하다. 꽃은 5수성 이상이며 흰색으로 된다. 개화기는 7~9월 경이다.

분포지: Mongol-Daurian, Great Khingan

Myosotis krylovii Serg.

과명: Boraginaceae (지치과) 속명: *Myosotis* (물망초속)

2년생 초본 식물로 키는 10cm 정도 자란다. 전초에 털이 밀생하며 잎맥은 망상맥으로 긴 잎자루에 긴 타원형의 잎이 달린다. 꽃은 5수성 이상으로 취산화서로 어긋나기로 달리며 꽃 색은 청색 또는 하늘색을 띠고 중앙은 처음엔 노란색이다가 차츰 흰색으로 변한다.

분포지: Khubsgul, Khentei, Khangai, Mongol-Daurian, Khobdo, Mongolian Altai, Gobi-Altai

Neopallasia pectinata (Pall.) Poljak.

과명: Asteraceae (국화과) 속명: *Neopallasia* (네오펠라시아속)

다년생 초본 식물로 키는 12~40cm 정도 자란다. 뿌리기부에서 여러 개의 줄기로 분지하여 직립하며 자란다. 잎맥은 망상맥으로 산호처럼 결각이 깊이 들어 있으며 송곳처럼 뾰족하게 생겼다. 잎겨드랑이에 국화꽃형으로 여러 개의 꽃이 원추화서로 하늘을 향해 핀다. 총포는 대체로 난형이다.

분포지: Khubsgul, Khentei, Khangai, Mongol–Daurian, Khobdo, Mongolian Altai, Middle Khalkha, East Mongolia, Depression of Great Lakes, Valley of Lakes, East Gobi, Gobi–Altai, Transaltai Gobi, Alashan Gobi

개형개 *Nepeta multifida* L.

과명: Lamiaceae (꿀풀과) 속명: *Schizonepeta* (형개속)

다년생 초본 식물로 높이는 15~60cm 까지 자란다. 줄기는 곧추 자라거나 조금 엇비스듬히 자라고 가지를 치지 않으며 털이 있다. 잎맥은 장상맥으로 잎은 대생하며 엽병이 있다. 줄기 아래 부분 잎은 둥근 난형 또는 긴 난형이며 가장자리는 둔한 거치형이거나 정상으로 잘라졌다. 꽃은 불규칙 합판화형으로 줄기 끝에 수상화서를 이루고 푸른 자색 꽃이 15~20개씩 윤생하며 피는데 양성화다. 개화기는 6~8월 경이다.

분포지: Khubsgul, Khentei, Khangai , Mongol-Daurian, Great Khingan, Middle Khalkha, East Mongolia, Gobi-Altai

| 1 | 2 | 3 | 4 | **5** | **6** | **7** | 8 | 9 | 10 | 11 | 12 |

Nitraria sibirica Pall.

과명: Nitrariaceae (니트라리아과) 속명: *Nitraria* (니트라리아속)

다년생 관목 식물로 크기는 8~20cm 정도 자란다. 잎맥은 망상맥으로 여러개가 모여 나며 장타원형
또는 심장형이다. 꽃은 5수성 이상으로 흰색을 띠며 개화기는 5~7월 경이다. 꽃이 진후 녹색의
열매가 점차 적색에서 진적색으로 띠며 익는다.

분포지: Mongol–Daurian, Khobdo, Mongolian Altai, Middle Khalkha, East Mongolia,
Depression of Great Lakes, Valley of Lakes, East Gobi, Gobi–Altai, Dzungarian Gobi,
Transaltai Gobi, Alashan Gobi

1	2	3	4	5	6	7	8	9	10	11	12

왜개연꽃 *Nuphar pumila* (Timm) DC.

과명: Nymphaeaceae (수련과) **속명:** *Nuphar* (개연속)

다년생 초본 수생식물로 잎맥은 장상맥이며 잎 모양은 긴타원형 또는 심장모양으로 뿌리줄기에서 나며 잎자루가 길고 잎사귀는 물위에 뜬다. 8~9월 경에 꽃줄기 끝에 노란 꽃이 하나씩 핀다. 꽃은 5수성 이상으로 꽃의 암술은 황색이고 꽃 줄기가 약간 수면 위로 나와 핀다. 열매는 삭과로 10월 경 익는다.

분포지: Khubsgul, Khangai, Depression of Great Lakes

Nymphaea candida J. Presl & C.Presl

과명: Nymphaeaceae (수련과) 속명: *Nymphaea* (수련속)

다년생 초본 수생식물로 잎맥은 장상맥이며 심장모양으로 생겼다. 꽃은 5수성 이상이고 흰색으로 피며 꽃잎은 난형 또는 타원형으로 3~5.5cm 정도의 크기로 20~25장 정도 된다. 개화기는 주로 6~8월 경이다.

분포지: Khangai, Depression of Great Lakes

초종용 *Orobanche coerulescens* Steph. ex Willd

과명: Orobanchaceae (열당과) 속명: *Orobanche* (초종용속)
2년생 초본 식물로 키는 15~40㎝ 정도 자라며 줄기는 직립한다. 쑥의 뿌리에 더부살이하며 잎맥은
평행맥으로 비늘같은 잎이 호생하며 난상 피침형으로 생겼으나 엽록소가 없어 금방 사라진다. 꽃은
연한 보라색으로 피며 불규칙 합판화형으로 생겼다. 개화기는 주로 7~8월 경이다.

분포지: Khubsgul, Khentei, Khangai, Mongol-Daurian, Great Khingan, Khobdo, Mongolian Altai,
Middle Khalkha, East Mongolia, Depression of Great Lakes, Valley of Lakes, East Gobi,
Gobi-Altai, Dzungarian Gobi, Transaltai Gobi

둥근바위솔 *Orostachys malacophylla* (Pall.) Fisch.

과명: Gassulaceae (돌나물과) 속명: *Orostaichys* (바위솔속)

2년생 초본 식물로 다육질이며 키는 4~15cm 정도 자란다. 잎맥은 망상맥이고 장타원형으로 생겼으며 꽃은 5수성 이상으로 연한 미색 또는 흰색으로 핀다. 개화기는 7~8월 경이고 개화주는 그 해 고사한다.

분포지: Khubsgul, Khentai, Khangai, Great Khingan, Middle Khalkha, East Mongolia

Orostachys spinosa (L.) Sweet

과명: Crassulaceae (돌나물과) 속명: *Orostachys* (바위솔속)
2년생 초본 식물로 키는 10~30cm 정도 자란다. 잎맥은 망상맥이며 잎은 도피침형 또는 선형으로 돌려나기로 난다. 꽃은 총상화서로 5수성 이상으로 피고 흰색 또는 미색을 띤다. 개화기는 7~8월 경이다.

분포지: Khubsgul, Khentei, Khangai, Mongol–Daurian, Great Khingan, Khobdo, Mongolian Altai, Middle Khalkha, East Mongolia, Depression of Great Lakes, Valley of Lakes, East Gobi, Gobi–Altai, Dzungarian Gobi, Transaltai Gobi

Oxytropis campestris (L.) DC.

과명: Fabaceae (콩과) 속명: *Oxytropis* (자운속)
다년생 초본 식물로 키는 4~15cm 정도 자란다. 잎은 우상복엽으로 나며 잎 뒷면은 잔털로 인해 흰색을 띤다. 꽃은 접형화관형으로 흰색 또는 크림색으로 피고 개화기는 7~8월 경이다.

분포지: Khubsgul, Khentei, Khangai, Mongol-Daurian, Great Khingan, Middle Khalkha, East Mongolia

Oxytropis grandiflora (Pall.) DC.

과명: Fabaceae (콩과) 속명: *Oxytropis* (자운속)
다년생 초본 식물로 키는 20~40cm 자란다. 잎은 우상복맥으로 나며 줄기기부에서 꽃대가 신장해 접형화관의 꽃이 어긋나기로 난다. 개화기는 7~8월 경이며 보라색으로 핀다.

분포지: Khentei, Mongol–Daurian, Great Khingan, East Mongolia

Oxytropis mongolica Kom.

과명: Fabaceae (콩과) 속명: Oxytropis (자운속)

다년생 초본 식물로 키는 10~30cm 정도 자란다. 전초에 잔털로 뒤덮여 있어 은녹색을 띤다.
잎은 우상복엽으로 나고 꽃은 접형화관으로 적색 또는 적색을 띤 보라색으로 핀다. 개화기는 6~8월
경이다.

분포지: Khobdo, Depression of Great Lakes

Oxytropis myriophylla (Pall.) DC.

과명: Fabaceae (콩과) 속명: *Oxytropis* (자운속)

다년생 초본 식물로 키는 20~40cm 자란다. 잎은 우상복맥으로 나고 줄기기부에서 꽃대가 신장해 접형화관의 꽃이 어긋나기로 난다. 개화기는 7~8월 경이다.

분포지: Khubsgul, Khentei, Khangai, Mongol—Daurian, Great Khingan, Middle Khalkha, East Mongolia

Oxytropis tragacanthoides Fisch. ex DC.

과명: Fabaceae (콩과) 속명: *Oxytropis* (자운속)

다년생 초본 식물로 키는 12~20cm 정도 자란다. 잎은 우상복엽으로 5~7장의 소엽이 돌려나기로
달린다. 꽃은 보라색이고 접형화관형으로 7~8월 경에 핀다.

분포지: Khangai, Khobdo, Mongolian Altai, Depression of Great Lakes, Gobi-Altai, Dzungarian Gobi

Oxytropis trichophysa Bunge

과명: Fabaceae (콩과) 속명: *Oxytropis* (자운속)

다년생 초본 식물로 키는 5~15cm 정도 자란다. 전초에 흰색 잔털이 나고 은녹색을 띤다. 잎은 우상복엽으로 소엽이 두장씩 마주난다. 지난해 진 잎은 주맥이 가시처럼 남아 있다. 꽃은 보라색이며 접형화관형으로 6~8월 경 핀다.

분포지: Khubsgul, Khangai, Khobdo, Mongolian Altai, Middle Khalkha, Depression of Great Lakes, Valley of Lakes, Gobi–Altai, Dzungarian Gobi, Transaltai Gobi

Paeonia anomala L.

과명: Paeoniaceae (작약과) 속명: *Paeonia* (작약속)
다년생 초본 식물로 굵은 뿌리로 월동한다. 직경은 1.2~3cm 이고 잎맥은 장상복맥으로 겹겹이 난다. 잎
모양은 피침형이고 크기는 9~17cm 정도이다. 꽃은 5수성 이상으로 다홍색이고 화판은 붉은 보라색으
로 긴 타원형이다. 개화기는 5~6월 경이다.

분포지: Khubsgul, Khentei, Khangai, Mongol–Daurian, Khobdo

Panzerina cf. *lanata* (L.) Sojak

과명: Lamiaceae (꿀풀과) 속명: *Panzerina* (판제리나속)
다년생 초본 식물로 뿌리근처에서 줄기가 분지한다. 잎맥은 장상맥으로 손바닥 모양으로 생겼으며 결각이 뚜렷하다. 줄기에는 잔털이 밀생한다. 꽃은 불규칙 합판화형으로 노란색 혹은 흰색으로 긴털이 밀생하여 덮고 있다. 잎 기부에서 여러 개가 모여서 핀다. 개화기는 7~9월 경이다.

분포지: Khentei, Khangai, Mongol-Daurian, Khobdo, Mongolian Altai, Middle Khalkha,
East Mongolia, Depression of Great Lakes, Valley of Lakes, East Gobi, Gobi-Altai,
Dzungarian Gobi, Alashan Gobi

Papaver chakassicum Peschkova

과명: Papaveraceae (양귀비과) 속명: *Papaver* (양귀비속)

다년생 초본 식물로 잎맥은 망상맥이며 모두 근경 근처에서 나온다. 가는 잎자루가 있으며 긴 타원형의 달걀모양으로 가장자리에 톱니가 약간 있다. 개화기는 7~8월 경이다. 꽃은 4수성으로 꽃잎은 4개이고 세로로 주름진다.

분포지: Khubsgul, Khentei, Khangai, Mongol–Daurian, Great Khingan, Middle Khalkha, East Mongolia

털박쥐나물 *Parasenecio hastatus* (L.) H.Koyama

과명: Apiaceae (산형과) 속명: *Carum* (카룸속)

2년생 초본식물로 높이는 30~70cm이다. 줄기의 표면은 갈색이며 단생한다. 잎맥은 장상복맥으로 소엽의 형태는 타원형 혹은 피침형이다. 꽃은 5수성 이상이며 화판은 하얀색이나 다홍색이다. 화병은 별로 길지 않다. 개화기는 6~7월 경이다.

분포지: Khentei, Khangai, Mongol–Daurian, Great Khingan, Mongolian Altai, Middle Khalkha, East Mongolia, Depression of Great Lakes, Dzungarian Gobi

Papaver nudicaule L.

과명: Papaveraceae (양귀비과) 속명: *Papaver* (양귀비속)

다년생 초본 식물로 높이 약 50㎝까지 자란다. 잎맥은 망상맥이고 잎은 근경 근처에서 나오며 잎자루가 있다. 긴 타원형의 달걀 모양이고 가장자리에 톱니가 약간 있다. 깃처럼 깊게 갈라지고 연한 녹색이고 털이 있다. 꽃은 4수성으로 노란색이고 개화기는 7~8월 경이다.

분포지: Khubsgul, Khentei, Khangai, Mongol-Daurian, Great Khingan, Middle Khalkha, East Mongolia

물매화 *Parnassia palustris* L.

과명: Parnassiaceae (물매화과) 속명: *Parnassia* (물매화속)
다년생 초본 식물로 높이 50cm까지 자란다. 잎맥은 장상맥으로 모양은 심장형이다. 꽃은 5수성 이상으로 1경 1화로 피고 곧게 자란다. 하얀색 혹은 담황색이다. 개화기는 6~7월 경이다.

분포지: Khubsgul, Khentei, Khangai, Mongol-Daurian, Great Khingan, Khobdo, Mongolian Altai, Middle Khalkha, East Mongolia, Depression of Great Lakes, Valley of Lakes, Dzungarian Gobi

Patrinia sibirica (L.) Juss.

과명: Valerianaceae (마타리과) 속명: *Patrinia* (돌마타속)

다년생 초본 식물로 높이 10~15cm 까지 자란다. 줄기는 두꺼운 편이고 흑갈색이나 갈색으로 덮여 있다. 잎맥은 망상맥으로 장원형 혹은 선형이다. 꽃은 5수성이며 노란색으로 피고 개화기는 5~6월 경이다.

분포지: Khubsgul, Khentei, Khangai, Mongol–Daurian, Great Khingan, Khobdo

Pedicularis elata Willd.

과명: Orobanchaceae (열당과) 속명: *Pedicularis* (송이풀속)

다년생 초본 식물로 키는 30~50cm 정도 자란다. 잎맥은 우상복맥으로 잎은 돌려나기 한다. 꽃은 불규칙 합판화형태이며 화서는 20cm 까지 자란다. 꽃색은 짙은 장미색이고 융모로 덮여있다. 개화기는 6~8월 경이다.

분포지: Khangai, Khobdo, Mongolian Altai

Pedicularis flava Pall.

과명: Orobanchaceae (열당과) 속명: *Pedicularis* (송이풀속)

다년생 초본 식물로 높이는 8~25cm까지 자란다. 뿌리는 목질이고 잎맥은 우상복맥으로 잎 모양은 피침형 또는 장타원형이다. 꽃은 불규칙 합판화형으로 노란색을 띤다. 개화기는 6~7월 경이다.

분포지: Khentei, Khangai, Mongol–Daurian, Khobdo, Mongolian Altai, Middle Khalkha, East Mongolia, Depression of Great Lakes, Valley of Lakes, Gobi–Altai, Transaltai Gobi

Pedicularis interrupta Steph. ex Willd

과명: Orobanchaceae (열당과) 속명: *Pedicularis* (송이풀속)

다년생 초본 식물로 키는 5~15cm 정도 자란다. 줄기에 잔털이 많고 잎은 은녹색을 띤다. 잎맥은 우상복맥이고 결각이 두드러진다. 꽃은 불규칙 합판화형으로 노란색으로 피며 개화기는 7~8월 경이다.

분포지: Mongolian Altai

Pedicularis labradorica Wirsing

과명: Orobanchaceae (열당과) 속명: *Pedicularis* (송이풀속)

2년생 초본 식물로 10~30cm 까지 자라고 직립한다. 가지가 많이 나며 호생 한다. 잎맥은 우상복맥이다. 꽃은 불규칙 합판화로 총상화서로 피고 꽃잎에 털이 없고 노란색이나 분홍색으로 핀다. 개화기는 7~8월 경이다.

분포지: Khubsgul, Khentei , Khangai, Mongol-Daurian

Pedicularis longiflora Rudolph

과명: Orobanchaceae (열당과) 속명: *Pedicularis* (송이풀속)

다년생 초본 식물로 키가 작은 편이나 15cm까지 자라기도 한다. 전초에 털이 적은 편이다. 잎맥은 우상복맥으로 타원형 혹은 피침형이다. 잎에 털이 없다. 꽃은 불규칙 합판화로 노란색으로 핀다. 개화기는 7~9월경이다.

분포지: Khubsgul, Khentei, Khangai, Mongolian Altai, Valley of Lakes

Pedicularis myriophylla Pall.

과명: Orobanchaceae (열당과) 속명: *Pedicularis* (송이풀속)

1년생 초본 식물로 40cm까지 자라고 외대로 자라거나 뿌리 기부에서 분지하기도 한다. 잎맥은 우상복맥으로 타원형 혹은 피침형으로 10~13쌍 정도 난다. 꽃은 불규칙 합판화로 노란색으로 피고 개화기는 6~7월 경이다.

분포지: Khubsgul, Khentei, Khangai, Mongol–Daurian, Khobdo, Mongolian Altai, Middle Khalkha, Gobi–Altai

Pedicularis oederi Vahl

과명: Orobanchaceae (열당과) 속명: *Pedicularis* (송이풀속)

다년생 초본 식물로 높이는 5~10cm로 키가 작은 식물이다. 줄기색이 가끔 검정색으로 변한다. 풀에 즙이 많은 편이다. 잎맥은 우상복맥으로 크기는 1.5~7cm 정도이다. 꽃은 불규칙 합판화로 검보라색과 상아색 두 가지이고 원추화서로 핀다. 개화기는 6~9월 경이다.

분포지: Khubsgul, Khentei, Khangai, Khobdo, Mongolian Altai

Pedicularis rubens Steph. ex. Willd.

과명: Orobanchaceae (열당과) 속명: *Pedicularis* (송이풀속)

다년생 초본 식물로 높이는 30cm 정도 자라고 꽃 줄기가 검정색으로 변하기도 한다. 하얀색의 짧은 털과 모선이 있다. 잎맥은 우상복맥으로 긴 엽병이 있으며 원형 혹은 장원형, 피침 형이다. 꽃은 불규칙 합판화이고 총상화서로 핀다. 꽃색은 적색을 띠며 피고 개화기는 6~7월 경이다.

분포지: Khubsgul, Khentei, Khangai, Mongol–Daurian, Great Khingan, Distribution Khangay

| | | | | | | | | | | | |
|1|2|3|4|5|6|7|8|9|10|11|12|

Pedicularis verticillata L.

과명: Orobanchaceae (열당과) 속명: *Pedicularis* (송이풀속)
다년생 초본 식물로 높이는 15~35cm까지 자란다. 척박한 환경에서는 초장이 매우 작은 경우도
있다. 뿌리는 방추형이고 직립경이다. 잎맥은 우상복맥으로 피침형 혹은 타원형이다. 꽃 모양은
불규칙 합판화이며 총상화서로 피고 꽃색은 진보라 또는 적색이다. 개화기는 7~8월 경이다.

분포지: Khubsgul, Khentei, Khangai, Mongol—Daurian, Great Khingan, East Mongolia

Peganum nigellastrum Bunge

과명: Peganaceae (페가눔과) **속명:** *Peganum* (페가눔속)

다년생 초본 식물로 크기는 10~25cm 정도 자라고 줄기는 직립한다. 잎맥은 망상맥이고 깊게 갈라져 소엽은 선형 또는 침형처럼 보인다. 꽃은 5수성 이상으로 흰색 또는 연한 노란색을 띠며 핀다. 개화기는 7월 경이다. 건조한 초원, 구릉 경사면, 모래와 자갈이 섞인 반사막 지역과 대초원 지역에 주로 자생한다.

분포지: Khangai, Middle Khalkha, East Mongolia, Depression of Great Lakes, Valley of Lakes, East Gobi, Gobi-Altai, Alashan Gobi

물여뀌 *Persicaria amphibia* (L.) S. F. Gray

과명: Polygonaceae (마디풀과) 속명: *Persicaria* (여뀌속)

다년생 초본 식물로 수변 또는 수중에 뿌리를 내리고 산다. 뿌리가 깊고 털이 없다. 잎맥은 망상맥이고 피침 형 혹은 장타원형이다. 꽃은 5수성 이상이고 총상화서로 2~4cm 정도로 자란다. 꽃색은 담홍색 혹은 하얀색 꽃이 핀다. 개화기는 7~8월 경이다.

분포지: Khentei, Khangai, Mongol–Daurian, Khobdo, Mongolian Altai, Middle Khalkha, Depression of Great Lakes

Peucedanum baicalense (Redowsky ex Willd.) Koch

과명: Apiaceae (산형과) 속명: *Peucedanum* (페우케다눔속)

다년생 초본 식물로 초장 30~100cm 크기의 월련초로 줄기가 딱딱하며 하나의 줄기가 직립한다. 잎맥은 장상복맥으로 4~5쌍의 우편을 가지고 있으며 장란형의 2~3쌍 장상복엽으로 나타난다. 마디는 가늘고 털이 없이 매끄러우며 잎의 끝은 뾰족한 편이다. 꽃은 5수성 이상으로 흰색으로 7~8월에 개화하며 주로 내몽골의 마사질 토양의 소나무 숲에 자생한다.

분포지: Khubsgul, Khentei, Khangai, Mongol-Daurian, Great Khingan, Khobdo, Middle Khalkha, Depression of Great Lakes

산조아풀 *Phleum alpinum* L.

과명: Poaceae (벼과) **속명:** *Phleum* (산조아재비속)

다년생 초본 식물로 높이는 14~60cm로 자란다. 근경이 짧다. 잎맥은 평행맥이고 장원형으로 직립되어 있다. 꽃은 나화형으로 개화기는 6~10월 경이다.

분포지: Mongolian Altai

Phlojodicarpus sibiricus (Fisch. ex Spreng.) Koso-Pol.

과명: Apiaceae (산형과) 속명: *Phlojodicarpus* (필로조디카르푸스속)
다년생 초본 식물로 크기는 15~60cm 정도 자라고 잎맥은 장상복맥이다. 꽃은 5수성 이상이고 흰색 꽃
이 우산 모양으로 핀다. 개화기는 6~7월 경이다.

분포지: Khubsgul, Khentei, Khangai, Mongol-Daurian, Middle Khalkha, East Mongolia

Phlomoides oreophila (Kar. & Kir.) Adylov, Kamelin & Makhm.

과명: Lamiaceae (꿀풀과) **속명:** *Phlomoides* (속단속)

다년생 초본 식물로 크기는 0.5~1cm까지 자란다. 잎맥은 망상맥으로 주름져 있고 포엽과 경엽이 동형이다. 꽃은 불규칙 합판화로 노란색, 보라색, 흰색으로 피며 꽃받침은 긴 종형이다. 개화기는 6~7월 경이다.

분포지: Mongolian Altai, Depression of Great Lakes, Dzungarian Gobi

Phlomoides tuberosa (L.) Moench

과명: Lamiaceae (꿀풀과) 속명: *Phlomis* (속단속)

다년생 초본 식물로 높이는 40~150cm로 자란다. 하부에는 털이 없고 자홍색과 녹색이 띈다. 잎맥은 망상맥으로 대생하고 엽병이 길며 심장형 난형이고 끝이 뾰족하다. 위쪽으로 갈수록 작아진다. 꽃은 불규칙 합판화로 붉은 빛이 돌고 원줄기 윗부분에서 대생하여 전체가 큰 원추화서로 된다. 개화기는 7~9월 경이다.

분포지: Khubsgui, Khentei, Mongol-Daurian, Great Khongan, Khobdo, Mongolian Altai, Middle Khalkha, East Mongolia, Depression of Great Lakes, Valley of Lakes, East Gobi, Gobi-Altai, Transaltai Gobi, Alashan Gobi

가솔송 *Phyllodoce coerulea* L.

과명: Ericaceae (진달래과) **속명**: *Phyllodoce* (가솔송속)

다년생 상록 소관목으로 높이는 10~25cm이다. 잎맥은 망상맥이며 선형으로 밀생하며 표면에 털이 없고 1개의 홈이 있으며 뒷면 가운데에 흰색 털이 나고 가장자리에 잔 톱니가 있다. 꽃은 종형이며 자홍색으로 가지 끝에 2~6개씩 곧추 달리고 아래쪽을 향하며 작은 꽃자루는 액을 분비하는 선모와 잔털이 있다. 개화기는 6~7월 경이다.

분포지: Khangai

Pinus sibirica Du Tour

과명: Pinaceae (소나무과) 속명: *Pinus* (소나무속)
다년생 상록 교목성 식물로 35m 정도 자란다. 잎맥은 평행맥이고 수피는 옅은 갈색 또는 회갈색을 띤다.
잎은 평행맥으로 잎 모양은 가는 침형 또는 선형이다. 꽃은 나화형으로 4~5월 경에 개화하여 수분 수정
후 다음 해 가을에 종자가 성숙한다.

분포지: Khubsgul, Khentei, Khangai, Khobdo, Mongolian Altai

구주소나무 *Pinus sylvestris* L.

과명: Pinaceae (소나무과) 속명: *Pinus* (소나무속)

다년생 상록 교목성 식물로 크기는 40m 정도 자란다. 잎맥은 평행맥이고 수피는 붉은 갈색을 띠고 잎은 침형 또는 선형이다. 꽃은 나화형으로 4~5월 경에 개화하여 수분 수정 후 이차 년도에 종자가 9~10월 경 성숙한다.

분포지: Khubsgul, Khentei, Khangai, Mongol–Daurian, Great Khingan, Middle Khalkha, East Mongolia

왜우산풀 *Pleurospermum uralense* Hoffm.

과명: Apiaceae (산형과) 속명: *Pleurospermum* (누룩치속)

다년생 초본 식물로 높이는 70~150cm 이다. 주근은 크며 통상적으로 원뿔모양이며 향기가 난다. 직립경으로 분지 되지 않는다. 잎맥은 장상복맥이고 잎 모양은 피침 형으로 잎 가장자리에 톱니가 있다. 꽃은 5수성 이상이고 우산형으로 피며 직경은 10~20cm 정도이다. 개화기는 6~7월 경이다.

분포지: Khubsgul, Khentei, Khangai, Mongol—Daurian, Khobdo, Middle Khalkha, East Mongolia

가지꽃고비 *Polemonium chinense* (Brand) Brand

과명: Polemoniaceae (꽃고비과) 속명: *Polemonium* (꽃고비속)

다년생 초본 식물로 줄기는 곧으며 30~90cm 정도로 자란다. 털은 없고 선은 조금 있다. 잎은 우상복엽으로 위쪽을 향해 자란다. 꽃은 5수성 이상으로 연보라색이나 흰색을 띠며 바퀴모양이다. 개화기는 7~9월 경이다.

분포지: Khubsgul, Khentei, Khangai, Mongol-Daurian, Great Khingan, Khobdo, Mongolian Altai, East Mongolia

Polemonium pulchellum Bunge

과명: Polemoniaceae (꽃고비과) 속명: *Polemonium* (꽃고비속)

다년생 초본 식물로 줄기는 곧추서며 높이 45~60cm 정도로 자란다. 간혹 90cm까지 자라기도 한다. 줄기 위쪽으로 갈수록 잎과 잎자루가 작아진다. 잎맥은 우상복맥으로 소엽은 피침 형이다. 꽃은 5수성 이상으로 원추꽃차례로 피고 개화기는 7~8월 경이다.

분포지: Khubsgul, Khangai, Khobdo

Polygala comosa Schkuhr

과명: Polygalaceae (원지과) 속명: *Polygala* (원지속)

다년생 초본 식물로 높이는 15~40cm 까지 자란다. 잎맥은 망상맥으로 호생하며 엽병은 없고 타원형 혹은 피침 형이다. 꽃은 불규칙 합판화로 총상화서로 피고 담자홍색이다. 개화기는 6~7월 경이다.

분포지: Khubsgul, Khentei, Khangai, Mongol–Daurian, Khobdo, Mongolian Altai

원지 *Polygala tenuifolia* Willd.

과명: Polygalaceae (원지과) 속명: *Polygala* (원지속)

다년생 초본 식물로 높이는 20~40cm로 자란다. 뿌리는 원주형으로 비대하고 담황색이다. 줄기는 직립 상태로 자라고 잎맥은 망상맥으로 호생하고 선형 혹은 선형 피침형이다. 꽃은 불규칙 합판화로 총상화서로 피고 개화기는 5~7월 경이다.

분포지: Khubsgul, Khentei, Khangai, Mongol–Daurian, Great Khingan, Middle Khalkha, East Mongolia, East Gobi, Gobi–Altai

Potentilla anserina L.

과명: Rosaceae (장미과) 속명: *Potentilla* (양지꽃속)

다년생 초본 식물로 뿌리는 아래로 깊게 자란다. 뿌리의 밑은 타원형이고 줄기는 포복형이다. 잎맥은 우상 복맥이고 소엽의 모양은 타원형이고 잎 윗면은 초록색이고 털이 없고 아래에는 하얀 융털이 난다. 꽃은 5수성 이상으로 단생하고 노란색으로 피며 개화기는 5~9월 경이다.

분포지: Khubsgul, Khentei, Khangai, Mongol–Daurian, Great Khingan, Khobdo, Mongolian Altai, Middle Khalkha, East Mongolia, Depression of Great Lakes, Valley of Lakes, Gobi–Altai, Dzungarian Gobi, Transaltai Gobi

Potentilla astragalifolia Bunge

과명: Rosaceae (장미과) 속명: *Potentilla* (양지꽃속)
다년생 초본 식물로 높이는 30∼60cm 정도 자란다. 잎맥은 우상복맥이고 녹색을 띠는 긴 타원형으로 잎의 앞뒷면뿐만 아니라 줄기에 이르기까지 흰털이 빽빽하게 난다. 잎의 가장자리는 날카롭거나 둔탁한 톱니가 있다. 꽃은 5수성 이상으로 분홍색이고 5개의 컵모양으로 원추화서 형태로 핀다. 개화기는 7∼8월 경이다.

분포지: Khangai, Khobdo, Mongolian Altai, Depression of Great Lakes, Valley of Lakes

물싸리풀 *Potentilla bifurca* L.

과명: Rosaceae (장미과) 속명: *Potentilla* (양지꽃속)

다년생 초본 혹은 아관목 식물이다. 뿌리는 원기둥모양으로 가늘고 목질이다. 줄기는 곧게 자라며 5~20cm까지 자란다. 잎맥은 우상복맥으로 잎자루가 없으며 대생 혹은 호생하며 소엽의 모양은 타원형이다. 꽃은 5수성 이상으로 노란색이고 개화기는 5~9월 경이다.

분포지: Khubsgul, Khentei, Khangai, Mongol-Daurian, Great Khingan, Khobdo, Mongolian Altai, Middle Khalkha, East Mongolia, Depression of Great Lakes, Valley of Lakes, East Gobi, Gobi-Altai, Dzungarian Gobi

은양지꽃 *Potentilla nivea* L.

과명: Rosaceae (장미과) 속명: *Potentilla* (양지꽃속)

다년생 초본 식물로 키는 5~25cm 정도 자라며 잎 뒷면에 흰잔털이 밀생하여 회색을 띤다. 잎은 망상맥으로 잎자루 끝에서 3개로 갈라진다. 꽃은 5수성 이상으로 노란색을 띠며 피며 개화기는 6~8월 경이다.

분포지: Khubsgul, Khentei, Khangai, Mongol–Daurian, Khobdo, Mongolian Altai, Gobi–Altai

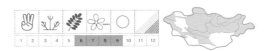

물싸리 *Potentilla fruticosa* L.

과명: Rosaceae (장미과) 속명: *Potentilla* (양지꽃속)

다년생 관목으로 높이는 0.5~2m까지 자라며 가지가 많다. 작은 가지는 홍갈색이고 드물게 털이 있다. 잎맥은 우상복맥이고 작은 잎은 2쌍으로 이루어져 있다. 소엽은 장원형이다. 꽃은 5수성 이상 으로 밀생하고 노란색으로 핀다. 개화기는 6~9월 경이다.

분포지: Khubsgul, Khentei Khangai, Mongol–Daurian, Great Khingan, Khobdo, Mongolian Altai, Middle Khalkha, East Mongolia, Valley of Lakes, Gobi–Altai

가는잎푸른딱지꽃 *Potentilla tancetifolia* Willd. ex Schlecht.

과명: Rosaceae (장미과) 속명: *Potentilla* (양지꽃속)

다년생 초본 식물로 높이는 15~65cm로 자란다. 뿌리는 굵고 원뿔모양이다. 줄기는 직립형으로 털로 덮여 있다. 잎은 호생 혹은 대생하며 우상복맥으로 엽병이 길고 소엽의 모양은 피침형 혹은 타원형이다. 꽃은 5수성 이상으로 산형화서로 피며 노란색이다. 개화기는 5~10월 경이다.

분포지: Khentei, Khangai, Mongol-Daurian, Great Khingan, Middle Khalkha, East Mongolia, East Gobi

Primula farinosa L.

과명: Primulaceae (앵초과) 속명: Primula (앵초속)

다년생 초본 식물로 크기는 5~10cm 정도 자란다. 짧은 뿌리가 많고 길다. 잎맥은 망상맥으로 밀생하며 잎 모양은 달걀형 혹은 난형이다. 꽃은 5수성 이상이고 산형화서로 피며 꽃색은 담자홍색이다. 개화기는 5~6월 경이다.

분포지: Khubsgul, Khentei, Khangai, Mongol-Daurian, Khobdo, Mongolian Altai, Depression of Great Lakes, Gobi-Altai

Primula xanthobasis Fed.

과명: Primulaceae (앵초과) 속명: *Primula* (앵초속)

1년생 또는 다년생 초본 식물로 키는 10~50cm 정도 자란다. 잎은 망상맥이고 장타원형으로 생겼다. 꽃은 5수성 이상으로 여러개의 꽃이 모여피며 개화기는 4~6월 경이다.

분포지: Khubsgul, Khentei, Khangai

Primula nutans Georgi

과명: Primulaceae (앵초과) 속명: *Primula* (앵초속)

다년생 초본 식물로 뿌리는 짧고 적으며 잔뿌리가 많다. 잎맥은 망상맥으로 난형 혹은 긴 타원형으로 생겼고 털은 없다. 꽃은 5수성 이상으로 2~6개의 꽃이 모여 산형화서 형태로 피며 담자홍색을 띤다. 화관중심은 노란색이고 개화기는 5~6월 경이다.

분포지: Khubsgul, Khentei, Khangai, Mongol–Daurian, Great Khingan, Mongolian Altai, East Mongolia

Pulsatilla tenuiloba (Turcz.) Juz.

과명: Ranunculaceae (미나리아재비과) 속명: *Pulsatilla* (할미꽃속)

다년생 초본 식물로 높이는 5~30cm까지 자란다. 잎맥은 장상복맥이며 꽃은 5수성 이상으로 보라색이며 작은포는 꽃대 밑에 달려서 3~4개로 갈라지고 꽃자루와 더불어 흰 털이 빽빽이 난다. 개화기는 5~6월 경이다.

분포지: Khentei, Khangai, Mongol-Daurian, East Mongolia

Pulsatilla ambigua (Turcz.) Juz.

과명: Ranunculaceae (미나리아재비과) 속명: *Pulsatilla* (할미꽃속)

다년생 초본 식물로 높이는 5~20cm로 자라다가 끝에는 30cm까지 자란다. 잎맥은 장상복맥이며 잎 모양은 난형 혹은 장난형이다. 앞면은 털이 없으나 아래에는 긴 털이 있다. 꽃은 5수성 이상으로 산형화서로 피며 남보라색 혹은 장미색깔을 띤다. 개화기는 5~6월 경이다.

분포지: Khubsgul, Khentei, Khangai, Mongol–Daurian, Khobdo, Mongolian Altai, Gobi–Altai

Pulsatilla turczaninovii Kryl. et Serg.

과명: Ranunculaceae (미나리아재비과) 속명: *Pulsatilla* (할미꽃속)

다년생 초본 식물로 높이는 15~25cm 정도 자란다. 근생엽은 4~5장 정도 되며 잎맥은 장상복맥으로 소엽은 가늘고 긴 선형이다. 줄기에는 하얀색 자잘한 털이 덮여 있다. 꽃받침은 없으며 웅예는 많다. 꽃색은 남보라 색이며 잎 뒷면에 긴 하얀 털이 덮여있다. 개화기는 5월 경이다.

분포지: Khubsgul, Khentei, Khangai, Mongol-Daurian, Great Khingan, Khobdo, Middle Khalkha, East Mongolia

분홍노루발 *Pyrola asarifolia* subsp. *incarnata* (DC.) Haber & Hir. Takah.

과명: Pyrolaceae (노루발과) 속명: *Pyrola* (호노루발속)

다년생 초본 식물로 높이는 15~25cm 이다. 잎맥은 망상맥이며 여러 개가 밑부분에서 모여 나고 둥근 모양이다. 꽃은 5수성 이상으로 총상꽃차례로 핀다. 색은 붉은 색이나 보라색이며 꽃잎은 넓은 달걀 모양이다. 개화기는 6~7월 경이다.

분포지: Khubsgul, Khentei, Khangai, Mongol-Daurian, Mongolian Altai

호노루발 *Pyrola dahurica* (Andres) Kom.

과명: Pyrolaceae (노루발과) 속명: *Pyrola* (호노루발속)

다년생 초본성 식물로 높이는 15~25cm 로 자란다. 반그늘의 낙엽수 아래서 서식하며 잎 색은 진한 청록색에 가깝고 망상맥으로 잎 맥이 뚜렷하다. 꽃은 5수성 이상으로 미색 또는 흰색으로 피며 개화기는 6~7월 경이다.

분포지: Khubsgul, Khentei, Khangai, Mongol–Daurian, Great Khingan, Khobdo, Mongolian Altai

물미나리아재비 *Ranunculus gmelinii* DC

과명: Ranunculaceae (미나리아재비과) 속명: *Ranunculus* (미나리아재비속)
다년생 초본 식물로 수생식물이며 키는 30cm이고 줄기가 길고 약하다. 잎맥은 장상맥으로 호생하며 소엽 모양은 긴 선형 또는 장타원형이다. 털이 없거나 아주 조금난다. 꽃은 5수성 이상으로 단생하며 개화기는 7~8월 경이다.

분포지: Khentei, Mongol–Daurian, Great Khingan, East Mongolia

Ranunculus japonicus var. *propinquus* (C.A. Mey.) W.T. Wang

과명: Ranunculaceae (미나리아재비과) 속명: *Ranunculus* (미나리아재비속)

다년생 초본성 식물로 높이는 8~30cm이며 직립형이다. 줄기의 중간이 비어 있고 수분이 많다. 잎맥은 장상맥이며 소엽은 긴 타원형이고 엽병이 길다. 꽃은 5수성 이상이며 취산화서로 피며 화탁은 비교적 작다. 개화기는 4~9월 경이다.

분포지: Khubsgul, Khentei, Khangai, Mongol—Daurian, Khobdo, Mongolian Altai, Middle Khalkha, Depression of Great Lakes

Ranunculus natans C. A. Mey.

과명: Ranunculaceae (미나리아재비과) 속명: *Ranunculus* (미나리아재비속)

다년생 초본 식물로 물가에 주로 서식하며 높이는 20~40cm 이다. 줄기 모두에 털은 없으며 분지를 하고 잔뿌리가 많다. 잎맥은 장상맥으로 부채모양으로 생겼다. 꽃은 5수성 이상이며 꽃과 잎 모두 단생하며 털이 없거나 아주 적은 융모가 있다. 화탁은 노란색이다. 개화기는 6~8월 경이다.

분포지: Khubsgul, Khentei, Khangai, Mongol–Daurian, Khobdo, Mongolian Altai, Middle Khalkha, East Mongolia, Depression of Great Lakes, Gobi–Altai, Transaltai Gobi

| 1 | 2 | 3 | 4 | 5 | 6 | 7 | 8 | 9 | 10 | 11 | 12 |

Ranunculus pedatifidus Smith

과명: Ranunculaceae (미나리아재비과) 속명: *Ranunculus* (미나리아재비속)
다년생 초본 식물로 높이는 15~25cm이며 분지가 있다. 뿌리는 두껍고 짧다. 잎맥은 장상맥이며 근생엽은
둥근 편이나 상부의 잎은 피침 형이고 끝엔 톱니바퀴 모양이다. 꽃은 5수성 이상이며 개화기는 5~7월 경
이다.

분포지: Khubsgul, Khentei, Khangai, Mongol–Daurian, Great Khingan, Khobdo, Mongolian Altai,
East Mongolia, Gobi–Altai

Ranunculus pseudohirculus Schrenk

과명: Ranunculaceae (미나리아재비과) 속명: *Ranunculus* (미나리아재비속)

다년생 초본 식물이며 높이는 23cm 까지 자라며 줄기와 마디마디에 갈색털이 있다. 잎맥은 장상맥으로 소엽은 피침형이며 육경이 또렷하다. 꽃은 5수성 이상이고 노란색으로 6~8월 경에 핀다.

분포지: Khubsgul, Khangai, Khobdo, Mongolian Altai, Gobi-Altai, Dzungarian Gobi

Ranunculus sarmentosus Adams

과명: Ranunculaceae (미나리아재비과) 속명: *Halerpestes* (나도마름아재비속)

다년생 초본성 식물로 키는 10~20cm 정도 자란다. 잎에 드문드문 털이 있고 잎맥은 장상맥이고 잎모양은 콩팥 모양 또는 난형이다. 잎 끝에 3~9개의 결각이 있다. 꽃은 5수성 이상으로 노란색으로 개화기는 6~8월 경이다.

분포지: Khentei, Khangai, Mongol–Daurian, Great Khingan, Mongolian Altai, Middle Khalkha, East Mongolia, Depression of Great Lakes, Valley of Lakes, East, Dzungarian Gobi, Transaltai Gobi

대황 *Rheum rhabarbarum* L.

과명: Polygonaceae (마디풀과) **속명:** *Rheum* (대황속)

다년생 초본 식물로 뿌리는 굵고 목질로 황색이다. 곧게 자란 원줄기의 높이는 1m에 달한다. 속이 비어 있으며 잎맥은 망상맥이며 심장형 또는 타원형으로 생겼다. 잎 뒷면의 잎맥이 뚜렷하고 가장 자리에 무딘 톱니가 드물게 있고 끝도 둔한 편이다. 꽃은 5수성 이상이며 가지와 원줄기 끝에서 원추꽃차례로 피며 황백색 꽃이 꽃 이삭에서 돌려난다. 개화기는 7~8월 경이다.

분포지: Khubsgul, Khentei, Khangai, Mongol–Daurian, Great Khingan, Mongolian Altai, Middle Khalkha, East Mongolia East Gobi, Gobi–Altai, Dzungarian Gobi

Rhodiola algida (Ledeb.) Fisch. et Mey.

과명: Crasslaceae (돌나무과) 속명: *Rhodiola* (돌꽃속)

다년생 초본 식물로 크기는 10cm 정도이다. 뿌리 줄기는 굵고 밑둥이 비늘 같은 잎으로 둘러싸여 있으며 줄기는 뭉쳐나고 곧게 선다. 잎맥은 망상맥이고 잎자루는 없으며 바소꼴 또는 달걀을 거꾸로 세운 바소 모양의 선형으로 톱니가 있다. 꽃은 5수성 이상으로 7~8월에 노란색으로 피는데 산방상 취산꽃 차례를 줄기 끝에 단다.

분포지: Khobdo, Mongolian Altai

노랑만병초 *Rhododendron aureum* Georgi

과명: Ericaceae (진달래과) **속명:** *Rhododendron* (진달래속)

다년생 상록 관목 식물로 키는 1m 정도 자란다. 잎맥은 망상맥이며 잎 모양은 장타원형으로 생겼다. 꽃은 종상모양으로 생겼으며 꽃색은 미색 또는 흰색으로 피며 개화기는 6월 경이다.

분포지: Khubsgui, Khentei

황산차 *Rhododendron lapponicum* (L.) Wahlenb.

과명: Ericaceae (진달래과) 속명: *Rhododendron* (진달래속)

다년생 반상록 관목으로 높이는 3~6m이다. 가지는 넓게 퍼지며 어릴 때는 갈색털이 빽빽이 난다. 잎맥은 망상맥이며 어긋나기 하지만 가지 끝에서는 2~3개씩 달리고 넓은 달걀꼴이나 달걀 모양 원형이다. 양면에 갈색털이 있다가 없어지며 앞면은 광택이 있다. 꽃은 종상으로 가지 끝에 2~4개씩 달린다. 진달래나 철쭉류에 비해 꽃이 크고 높게 자라난다. 개화기는 5~6월 경이다.

분포지: Khubsgul, Khentei, Khangai

Rhododendron tomentosum Harmaja

과명: Ericaceae (진달래과) 속명: *Ledum* (백산차속)
직립형 관목으로 키가 50㎝ 정도로 자라며 소지가 가늘고 녹색의 밀도 높은 털에 둘러 싸여 있으며 잎맥은
망상맥이며 선형으로 뾰족한 편이다. 꽃은 5수성 이상으로 미색 혹은 희색으로 작고 여러 송이가 모여서
피며 6월부터 8월 사이에 개화한다.

분포지: Khubsgul, Khentei, Khangai, Mongol–Daurian

Ribes altissimum Turcz. ex Pojark.

과명: Grossulariaceae (까치밥나무과) **속명:** *Ribes* (까치밥나무속)

다년생 낙엽 관목으로 높이는 2~3m이다. 가지가 한 마디에서 2~3개씩 나오며 수피는 흑회색을 띠고 어린 가지에 잔털이 밀생한다. 잎맥은 장상맥으로 호생하고 윗부분에 모여 나며 도란상 타원형으로 끝은 뾰족하거나 둔하다. 아래는 좁고 가장자리는 밋밋하며 표면은 녹색으로 백색 점이 있다. 꽃은 5수성 이상 으로 6~7월에 백색으로 피고 가지 끝에 총상화서로 달리며 포는 넓은 난형으로 홍갈색이다.

분포지: Khubsgul, Khentei, Khangai, Mongol–Daurian, Mongolian Altai, Dzungarian Gobi

서양까막까치 *Ribes nigrum* L.

과명: Grossulariaceae (까치밥나무과) **속명:** *Ribes* (까치밥나무속)

다년생 낙엽 관목으로 높이는 1~2m이고 작은가지는 회색이나 회갈색을 띤다. 잎맥은 장상맥이며 둥글고 손바닥 모양이다. 3조각으로 얕게 갈라지고 톱니가 있으며 뒷면에 털이 나 있다. 잎자루는 1~6cm로 털이 거의 없다. 꽃은 5수성 이상으로 총상화서로 달리며 털이 밀생하며 많은 양성화가 달린다. 포는 숙존성이고 꽃받침 통은 난원형이다. 개화기는 5~6월이다.

분포지: Khubsgul, Khentei, Khangai, Great Khingan, Khobdo, Depression of Great Lakes, Gobi-Altai

속속이풀 *Rorippa palustris* (L.) Bess.

과명: Brassicaceae (십자화과) 속명: *Rorippa* (개갓냉이속)

1년 혹은 2년생 초본으로 높이는 20∼50cm 정도 자라며 매끄럽고 털이 약간 있다. 줄기는 직립경으로 외대로 자란다. 잎맥은 망상맥이고 장원형이다. 꽃은 4수성으로 총상화서로 피고 꽃색은 노란색이나 담황색 으로 핀다. 개화기는 4∼7월 경이다.

분포지: Khubsgul, Khentei, Khangai, Mongol–Daurian, Great Khingan, Khobdo, Mongolian Altai, East Mongolia Depression of Great Lakes, Valley of Lakes, Gobi–Altai, Dzungarian Gobi

붉은인가목 *Rosa davurica* var. *alpestris* (Nakai) Kitag.

과명: Rosaceae (장미과) **속명:** *Rosa* (장미속)

다년생 낙엽 관목으로 높이가 1~3m이고 가지가 많다. 어린 가지에는 가시가 드물지만 줄기 아래 부분에는 가시가 많다. 잎맥은 우상복맥으로 어긋나고 3~7개의 작은 잎이 어긋나기로 나며 작은 잎은 넓은 타원 모양 또는 달걀 모양이고 가장자리에 잔 톱니가 있다. 턱잎은 잎자루에 붙어 있고 화살 모양이며 가장자리에 선모가 있다. 꽃은 5수성 이상으로 어린 가지 끝에 1~2개씩 달린다. 꽃받침 통은 달걀 모양이고 겉에 가시가 있다. 꽃잎은 넓은 달걀을 거꾸로 세운 모양이고 끝이 오목하며 장미색 또는 흰색이다. 개화기는 6~7월 경이다.

분포지: Khubsgul, Khentei, Khangai, Mongol-Daurian, Great Khingan, Khobdo, Mongolian Altai, Middle Khalkha, East Mongolia, Gobi-Altai

Rumex thyrsiflorus Fingerh.

과명: Polygonaceae (마디풀과) 속명: *Rumex* (애기수영속)

다년생 초본 식물로 높이 40~90cm까지 자란다. 뿌리는 직근으로 두껍고 직립경이다. 잎맥은 장상맥으로 잎은 난형 혹은 긴 피침형으로 양면모두 털이 없다. 꽃은 5수성 이상으로 원추화서형태이며 단생한다. 개화기는 5~6월 경이다.

분포지: Khubsgul, Khentei, Khangai, Mongol–Daurian, Great Khingan, Khobdo, Mongolian Altai, Middle Khalkha, East Mongolia, Depression of Great Lakes, Valley of Lakes, Gobi–Altai, Dzungarian Gobi

쌍실버들 *Salix divaricata* Pall.

과명: Salicaceae (버드나무과) 속명: *Salix* (버드나무속)

다년생 낙엽 소교목으로 줄기는 옆으로 자란다. 가지는 노란색이며 처음에는 털이 있으나 점차 없어진다. 잎맥은 망상맥으로 넓은 도피침형 또는 타원상 도란형이다. 양 끝이 뾰족하고 가장자리는 밋밋하거나 뚜렷하지 않은 톱니가 있다. 표면은 녹색으로 광채가 나고 뒷면은 회녹색으로 털이 있으나 점차 없어진다. 꽃은 나화형으로 자웅이가로 미상화서이며 전년의 잎 기부에 나고 봄에 핀다. 포는 검은 빛이 돌며 견모가 있고 자방은 원통상 장란형으로 견모로 덮였다. 개화기는 5~6월 경이다.

분포지: Khubsgul, Khentei, Khangai, Mongol-Daurian, Khobdo, Mongolian Altai, Gobi-Altai

큰산버들 *Salix glauca* L.

과명: Salicaceae (버드나무과) **속명:** *Salix* (버드나무속)

관목으로 높이 1m까지 자란다. 작은 가지는 홍갈색이고 털은 없다. 잎맥은 망상맥이고 잎 모양은 장타원형에서 난형으로 변하며 꽃은 나화형으로 잎 출현시기에 함께 피거나 잎이 늦게 핀다. 개화기는 6~7월경이다.

분포지: Khubsgul, Khentei, Khangai, Khobdo, Mongolian Altai, Gobi-Altai

Salix reticulata L.

과명: Salicaceae (버드나무과) 속명: *Salix* (버드나무속)
낙엽 관목으로 키가 작으며 포복형 나무이다. 잎맥은 망상맥이며 타원형 또는 장타원형으로 생겼다. 뿌리가
1년에 8cm에서 30cm 까지 자란다. 가지가 많으며 수피는 짙은 갈색이다. 잎엔 털이 밀집하여 나있다.
꽃은 나화형으로 개화기는 6~7월 경에 핀다.

분포지: Khubsgul, Khangai, Khobdo, Mongolian Altai

딱총나무 *Sambucus williamsii* Hance

과명: Caprifoliaceae (인동과) 속명: *Sambucus* (딱총나무속)

다년생 낙엽성 관목으로 키는 2~4m 정도 자란다. 잎맥은 우상복맥이며 꽃은 5수성 이상으로 흰색 또는 미색으로 피며 꽃이 진 후 둥근모양의 열매가 적색으로 익는다. 개화기는 6~7월 경이다.

분포지: Khubsgul, Khentei, Khangai, Mongol-Daurian, Great Khingan, East Mongolia

오이풀 *Sanguisorba officinalis* L.

과명: Rosaceae (장미과) **속명**: *Sanguisorba* (오이풀속)

다년생 초본 식물로 높이는 30~120cm까지 자란다. 뿌리는 굵고 줄기는 직립하여 자란다. 전체에 털이 없으며 윗부분에서 가지가 갈라진다. 굵고 옆으로 자라는 뿌리가 있다. 잎맥은 우상복맥이며 호생한다. 꽃은 4수성으로 피며 이삭꽃 차례로 위에서 아래로 순서대로 핀다. 개화기는 7~10월 경이다.

분포지: Khubsgul, Khentei, Khangai, Mongol–Daurian, Great Khingan, Khobdo, Mongolian Altai, Middle Khalkha, East Mongolia, Depression of Great Lakes, Valley of Lakes

Saussurea alata DC

과명: Asteraceae (국화과) 속명: *Saussurea* (분취속)

다년생 초본 식물로 크기는 20~70cm 정도 자란다. 전초에 흰 잔털로 덮여 있으며 잎맥은 망상맥으로 중앙 맥이 두드러 진다. 잎모양은 긴 타원형 또는 선형모양이며 잎 가장자리에는 뾰족한 결각이 있으며 물결 친다. 꽃은 국화꽃형으로 보라색을 띠며 핀다. 개화기는 7~8월 경이다.

분포지: Mongol–Daurian, Khobdo, Depression of Great Lakes

Saussurea amara (L.) DC.

과명: Asteraceae (국화과) 속명: *Saussurea* (취나물속)

다년생 초본으로 높이 15~60cm까지 자란다. 직립경이며 흰색 털로 덮여 있다. 잎맥은 망상맥이고 잎
모양은 피침형 혹은 타원형으로 생겼다. 꽃은 국화꽃형으로 산형화서로 피며 담자색이다. 개화기는 6~8월
경이다.

분포지: Khubsgul, Khentei, Khangai, Mongol–Daurian, Great Khingan, Mongolian Altai,
Middle Khalkha, East Mongolia, Depression of Great Lakes, Valley of Lakes, Dzungarian Gobi

Saussurea parviflora (Poir.) DC.

과명: Asteraceae (국화과) 속명: *Saussurea* (취나물속)

다년생 초본 식물로 20~100cm까지 자라며 뿌리가 날개처럼 생겼다. 잎맥은 망상맥이고 앞면은 짙은
초록색이며 뒷면은 흰 잔털로 덮여있다. 꽃은 국화꽃형으로 산방 꽃차례로 핀다. 개화기는 7~8월 경
이다.

분포지: Khubsgul, Khentei, Khangai, Mongol–Daurian, Great Khingan, Khobdo, Mongolian Altai,
East Mongolia

Saussurea involucrata (Kar. et Kir.) Sch. Bip.

과명: Asteraceae (국화과) 속명: *Saussurea* (분취속)

다년생 초본 식물로 직립하며 높이는 15~50cm이다. 기부에는 갈색 엽병이 상처가 있다. 잎맥은 망상맥으로 호생 혹은 대생하며 2열 혹은 삼각형모양이다. 꽃은 국화꽃형으로 붉은 보라색이며 두상화서 모양으로 모여 핀다. 꽃대가 추대 할 무렵 상부의 잎들이 노란색으로 변해 꽃처럼 보인다. 개화기는 7~8월 경이다.

분포지: Khubsgul, Khentai, Khangai, Mongolian Altai, Dzungarian Gobi

Saussurea salicifolia (L.) DC.

과명: Asteraceae (국화과) 속명: *Saussurea* (분취속)

다년생 초본 식물로 높이는 15~40cm까지 자란다. 뿌리는 굵고 줄기는 직립되어 있으며 털로 뒤 덮혀 있다. 줄기 상부에서 산형화서 형태의 분지 되며 잎맥은 망상맥으로 선형 혹은 선형 피침형이다. 꽃은 국화꽃형으로 작은 분홍색 꽃이 여러 개 모여 난다. 개화기는 8~9월 경이다.

분포지: Khentei, Khangai, Mongol–Daurian, Great Khingan, Middle Khalkha, East Mongolia

Saxifraga hirculus L.

과명 : Saxifragaceae (범의귀과) 속명 : *Saxifraga* (범의귀속)

다년생 초본 식물로 높이는 6.5~21cm로 자란다. 줄기는 갈색을 띠며 털이 밀생되어있다. 잎맥은 장상맥으로 타원형, 피침형, 장원형 형태이며 잎 양면에는 털이 없다. 꽃은 5수성 이상이며 화탁은 노란색이다. 개화기는 6~7월 경이다.

분포지 : Khubsgul, Khentei, Khangai, Khobdo, Mongolian Altai, Gobi-Altai

Saxifraga sibirica L.

과명: Saxifragacea(범의귀과) 속명: *Saxifraga* (범의귀속)

다년생 초본 식물로 높이는 6.5~25cm까지 자라며 줄기에는 털이 밀생되어 있다. 근경 근처의 잎은 크고 넓으며 털이 많다. 잎맥은 장상맥으로 호생하며 엽병은 길다. 꽃은 5수성 이상이고 꽃받침은 흰색이다. 개화기는 6~7월 경이다.

분포지: Khubsgul, Khangai, Khobdo, Mongolian Altai, Depression of Great Lakes, Gobi-Altai, Dzungarian Gobi

1	2	3	4	5	6	7	8	9	10	11	12

Saxifraga spinulosa Adams

과명: Saxifragacea (범의귀과) 속명: *Saxifraga* (범의귀속)

다년생 초본 식물로 높이 10~20cm로 밀집하여 자란다. 잎맥은 장상맥이고 중앙맥이 뚜렷하고 좁은 피침형이다. 꽃은 5수성 이상으로 피며 꽃색은 흰색을 띤다. 개화기는 6~7월 경이다.

분포지: Khangai, Depression of Great Lakes

Scabiosa ochroleuca L.

과명: Dipsacaceae (산토끼꽃과) **속명:** *Scabiosa* (체꽃속)

다년생 초본 식물로 줄기는 곧추 서고 높이는 25~80cm까지 자라고 가지는 마주나기로 갈라지며 퍼진 털과 꼬부라진 털이 있다. 잎맥은 장상복맥이며 뿌리에서 나온 잎은 바소꼴로 깊게 패어진 톱니가 있고 잎자루가 길며 꽃이 필 때 사라진다. 줄기에서 나온 잎은 마주달리고 긴 타원형 또는 달걀 모양 타원형 이다. 깊게 패어진 큰 톱니가 있으나 위로 올라갈수록 깃처럼 깊게 갈라진다. 꽃은 분꽃형으로 생겼으며 흰색 또는 미색으로 피고 가지와 줄기 끝에 두상꽃차례로 달린다. 개화기는 8월 경이다.

분포지: Khangai, Depression of Great Lakes

솔체꽃 *Scabiosa cosmosa* Fisch. ex Roem. et Schult.

과명: Dipsacaceae (산토끼꽃과) 속명: *Scabiosa* (체꽃속)

다년생 초본 식물로 높이는 30~50cm이다. 줄기는 직립경이고 잎맥은 망상맥으로 잎 모양은 피침형이며 끝에는 톱니모양이다. 꽃은 분꽃형으로 보라색으로 핀다. 개화기는 4~5월 경이다.

분포지: Khubsgul, Khentei, Khangai, Mongol–Daurian, Great Khingan, Middle Khalkha, East Mongolia

Schizonepeta annua (Pall.) Schischk.

과명: Lamiaceae (꿀풀과) 속명: *Schizonepeta* (형개속)

1년생 초본 식물로 크기는 10~30cm 정도 자란다. 잎은 망상맥으로 5개로 깊게 갈라지며 소엽 또한 5개 이상으로 결각이 있다. 꽃받침은 톱니바퀴형으로 생겼다. 꽃은 불규칙합판화로 화관은 희고 꽃받침이 크다. 개화기는 6~7월 경이다.

분포지: Khangai, Khobdo, Mongolian Altai, Middle Khalkha, East Mongolia, Depression of Great Lakes, Valley of Lakes, East Gobi, Gobi–Altai, Dzungarian Gobi, Transaltai Gobi, Alashan Gobi

Schulzia crinita (Pall.) Spreng.

과명: Apiaceae (산형과) 속명: *Schulzia* (숄지아속)

다년생 초본 식물로 키는 20~50cm 정도 자란다. 잎맥은 장상복맥이며 잎자루가 줄기를 싸고 있다. 꽃은 5수성 이상으로 복산형화서로 피며 꽃색은 흰색 또는 미색으로 핀다. 개화기는 7~8월 경이다.

분포지: Khubsgul, Khentei, Khangai, Khobdo, Mongolian Altai

Scorzonera austriaca Willd.

과명: Asteraceae (국화과) 속명: *Scorzonera* (쇠채속)

다년생 초본 식물로 높이는 10~42cm까지 자라며 줄기엔 털이 없고 직립한다. 지상부에 비해 뿌리는 굵게 자란다. 잎맥은 망상맥으로 잎 모양은 선형 또는 피침형이다. 꽃은 국화꽃형으로 꽃색은 노란색으로 핀다. 개화기는 4~7월 경이다.

분포지: Khentei, Khangai, Mongol–Daurian, Great Khingan, Khobdo, Mongolian Altai, Middle Khalkha, East Mongolia, Depression of Great Lakes, East Gobi, Gobi–Altai

Scorzonera ikonnikovii Lipsch. & Lipsch. & Krasch.

과명: Asteraceae (국화과) 속명: *Scorzonera* (쇠채속)
다년생 초본 식물로 크기는 17cm 정도 자란다. 전초에 짧은 잔털이 있어 은녹색을 띤다. 잎맥은 망상맥
으로 장타원형이고 잎 가장자리에 물결모양이 두드러진다. 꽃은 국화꽃형으로 선명한 노란색을 띠며 개화
기는 7~8월 경이다.

분포지: Khangai, Khobdo, Mongolian Altai, Middle Khalkha, Depression of Great Lakes,
Valley of Lakes, Gobi–Altai, Dzungarian Gobi

1	2	3	4	5	6	7	8	9	10	11	12

Scrophularia incisa Weinm.

과명: Scrophulariaceae (현삼과) 속명: *Scrophularia* (현삼속)

다년생 초본 식물로 높이는 20~50cm 까지 자라며 뿌리는 원형이고 털은 없다. 잎맥은 망상맥이고 장타원형으로 생겼으며 잎 가장자리에 결각이 두드러진다. 꽃은 불규칙 합판화형으로 화관은 장미색 혹은 짙은 붉은색이다. 개화기는 6~8월 경이다.

분포지: Khentei, Khangai, Mongol–Daurian, Khobdo, Mongolian Altai, Middle Khalkha, East Mongolia, Depression of Great Lakes, Valley of Lakes, East Gobi, Gobi–Altai, Transaltai Gobi

Scutellaria grandiflora Sims

과명: Lamiaceae (꿀풀과) **속명:** *Scutellaria* (골무꽃속)

다년생 초본 식물로 높이 약 30cm이다. 풀 전체에 짧은 털이 나고 줄기는 모나며 곧게 선다. 잎은 마주나며 심장 모양 또는 원형으로 잎자루가 있으며 가장자리에 둔한 톱니가 있다. 잎맥은 망상맥이며 잎길이와 나비 모두 1~2.5cm이며 양면에 털이 빽빽이 난다. 꽃은 불규칙 합판화형으로 자줏빛 꽃이 총상꽃차례로 핀다. 개화기는 6~8월 경이다.

분포지: Khangai, Mongol–Daurian, Khobdo, Mongolian Altai, Depression of Great Lakes, Gobi–Altai, Dzungarian Gobi

| 1 | 2 | 3 | 4 | 5 | 6 | 7 | 8 | 9 | 10 | 11 | 12 |

Scutellaria scordifolia Fisch. ex Schrank

과명: Lamiaceae (꿀풀과) 속명: *Scutellaria* (골무꽃속)

다년생 초본 식물로 높이는 12~35cm이며 능각에는 굽은 융모가 성기게 나거나 털이 없다. 잎은 난형 이거나 피침형이고 뒷면의 맥에는 털이 있다. 잎맥은 망상맥이고 마주난다. 꽃은 불규칙 합판화형으로 줄기 상부의 한 쪽을 향해 기울어져 있고 화관은 남보라색이다. 개화기는 6~8월 경이다.

분포지: Khubsgul, Khentei, Khangai, Mongol-Daurian, Great Khingan, Middle Khalkha, East Mongolia

| 1 | 2 | 3 | 4 | 5 | 6 | 7 | 8 | 9 | 10 | 11 | 12 |

가는기린초 *Sedum aizoon* L.

과명: Crassulaceae (돌나물과) **속명:** *Sedum* (돌나물속)

다년생 초본 식물로 80cm까지 클 수 있다. 줄기는 뭉쳐나고 원기둥 모양이며 곧게 선다. 잎맥은 망상맥으로 호생하며 바소꼴 모양 또는 좁고 긴 타원형으로 잎자루가 없다. 잎 가장자리에 둔한 톱니가 있으며 앞뒤에 모두 털이 없다. 꽃은 5수성으로 산방상 취산꽃 차례로 원줄기 끝에 노란 꽃이 많이 달린다. 개화기는 6~8월 경이다.

분포지: Khubsgul, Khentei, Khangai, Mongol–Daurian Great Khingan, Khobdo, Mongolian Altai, Middle Khalkha, East Mongolia, Valley of Lakes, Gobi–Altai, Dzungarian Gobi

Sedum ewersii (Pall.) Ledeb.

과명: Crassulaceae (돌나물과) **속명**: *Sedum* (돌나물속)

다년생 초본 식물로 키는 10~20cm 정도 자라며 주로 고산의 암석지 주변이나 호수 주변의 절벽지 인근에 자생한다. 절벽지 아래로 기울어져 자라는 경우가 많으며 잎맥은 망상맥이고 둥근형 또는 타원형으로 생겼다. 꽃은 5수성 이상으로 핑크색으로 피며 개화기는 7~8월 경이다.

분포지: Khobdo, Mongolian Altai, Dzungarian Gobi

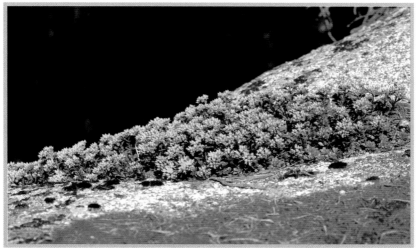

Sedum hybricum L.

과명: Crassulaceae (돌나물과) 속명: *Sedum* (돌나물속)

다년생 초본 식물로 크기는 10~20cm 정도 자란다. 지하경을 뻗으면서 다발을 만든다. 잎맥은 망상맥
이고 호생 하지만 드물게 대상한다. 잎은 다육질이며 잎자루는 없고 잎 아래쪽이 점점 좁아지는 형태
다. 꽃은 5수성 이상으로 취산화서로 노란색을 띤다. 개화기는 6~8월 경이다.

분포지: Khubsgul, Khangai, Mongol–Daurian, Great Khingan, Khobdo, Mongolia

바위돌꽃 *Sedum roseum* (L.) Scop.

과명: Crassulaceae (돌나무과) **속명:** *Csedum* (돌꽃속)

다년생 초본 식물로 높이는 7~30cm이다. 전체에 흰색이 돌고 뭉쳐나며 아래 부분은 갈색 비늘 조각으로 덮여 있다. 잎맥은 망상맥으로 어긋나고 육질이다. 달걀을 거꾸로 세워놓은 모양 또는 타원형이고 윗 가장자리에 둔한 톱니가 있다. 꽃은 5수성 이상으로 연한 황색으로 피며 줄기 끝에 취산화서로 많은 꽃이 밀생한다. 암꽃은 작으며 흔히 자줏빛이 돌고 4~5개의 암술이 있다. 개화 기는 4~5월 경이다.

분포지: Khubsgul, Khentei, Khangai, Mongol-Daurian, Great Khingan, Khobdo, Mongolian Altai, Middle Khalkha, Gobi-Altai

Serratula centauroides L.

과명: Asteraceae (국화과) **속명:** *Serratula* (산비장이속)

다년생 초본 식물로 높이는 40~100cm 정도 자란다. 뿌리는 직립하며 흑갈색을 띤다. 상부는 적게 분지하거나 분지하지 않는다. 잎맥은 망상맥이며 잎 모양은 원형 혹은 선형이다. 모두 두 쌍으로 구성되어 있다. 꽃은 국화꽃형으로 적색 혹은 적색을 띤 보라색으로 피며 두상화서로 단생한다. 개화기는 6~9월 경이다.

분포지: Khubsgul, Khentei, Khangai, Mongol-Daurian, Great Khingan, Mongolian Altai, Middle Khalkha, East Mongolia, Depression of Great Lakes, Valley of Lakes, Gobi-Altai

Serratula centauroides var. *alba*

과명: Asteraceae (국화과) **속명:** *Serratula* (산비장이속)

다년생 초본 식물로 높이는 40~100cm 이다. 뿌리는 흑갈색이고 줄기는 직립경이며 상부는 분지가 적거나 분지가 일어나지 않는다. 잎은 장원형이다. 꽃은 흰색이며 6~9월 경이다.

분포지: Khubsgul, Khentei, Khangai, Mongol-Daurian, Great Khingan, Mongolian Altai, Middle Khalkha, East Mongolia, Depression of Great Lakes, Valley of Lakes, Gobi-Altai

Silene jeniseensis Willd.

과명: Caryophyllaceae (석죽과) 속명: *Silene* (끈끈이장구채속)

다년생 초본 식물로 키는 10~50cm 정도 자란다. 뿌리는 두툼하고 늙은 잎은 가지에 꼬리모양으로 붙어있다. 줄기는 10~50cm로 자라며 끈적이지 않는다. 잎맥은 망상맥이며 잎 모양은 피침형이고 대생한다. 꽃은 패랭이꽃형으로 피며 개화기는 6~7월 경이다.

분포지: Khubsgul, Khentei, Khangai, Mongol-Daurian, Great Khingan, Khobdo, Middle Khalkha, East Mongolia

오랑캐장구채 *Silene repens* Patr.

과명: Caryophyllaceae (석죽과) 속명: *Silene* (끈끈이장구채속)

다년생 초본 식물로 높이는 15~50cm이며 전체에 짧은 털이 있다. 뿌리줄기는 가늘고 길게 뻗는다. 줄기는 아래 부분에서 가지가 많이 갈라진다. 잎맥은 망상맥으로 마주나며 피침형이고 가장자리에 털이 있다. 꽃은 패랭이꽃형으로 줄기 끝에 취산꽃차례를 이루어 달리며 흰색이다. 꽃자루는 매우 짧고 겉에 털이 많다. 꽃받침은 통 모양이며 붉은빛을 띠고 겉에 연한 털이 있다. 꽃잎은 5장이며 끝이 2갈래로 갈라지고 꽃받침보다 2배쯤 길다. 개화기는 6~8월 경이다.

분포지: Khubsgul Khentei, Khangai, Mongol–Daurian, Great Khingan, Khobdo, Mongolian Altai, Middle Khalkha, East Mongolia, Depression of Great Lakes, Gobi–Altai, Dzungarian Gobi

Silene uralensis subsp. *apetala* (L.) Bocquet

과명: Caryophyllaceae (석죽과) 속명: *Melandrium* (장구채속)
다년생 초본 식물로 직립성이며 키는 20~50cm 정도 자란다. 잎맥은 망상맥으로 피침형으로
생겼고 꽃은 패랭이꽃형으로 생겼다. 꽃은 꽃받침에 숨겨져서 일부만 돌출한 형태로 피며 꽃잎은
흰색 또는 분홍색을 띤다.

분포지: Khubsgul, Khentei, Khangai, Khobdo, Mongolian Altai, Depression of Great Lakes,
　　　 Gobi-Altai

Sphaerophysa salsula (Pall.) DC.

과명: Fabaceae (콩과) 속명: *Sphaerophysa* (고삼속)

다년생 초본 식물로 높이는 20~60cm이다. 직립경으로 분지가 있다. 줄기에 회색, 흰색의 융털이 있다. 잎맥은 우상복맥으로 소엽의 모양은 피침형이다. 꽃은 접형화관으로 총상화서로 피며 붉은 색으로 핀다. 개화기는 6~7월 경이다.

분포지: Great Khingan, Mongolian Altai, East Mongolia, Depression of Great Lakes, Valley of Lakes, East Gobi, Gobi-Altai, Dzungarian Gobi , Transaltai Gobi, Alashan Gobi

Spiraea alpina Pall.

과명: Rosaceae (장미과) **속명:** *Spiraea* (조팝나무속)

다년생 관목성 식물로 높이는 50~120cm 정도 자란다. 가지에는 명확한 각이 있으며 짧은 털로 덮여 있다. 잎맥은 망상맥으로 선형 혹은 난상 피침형이다. 꽃은 5수성 이상으로 산형총상화서이며 3~15송이 정도 난다. 개화기는 6~7월 경이다.

분포지: Khubsgul, Khentei, Khangai, Khobdo, Mongolian Altai

Stellaria crassifolia Ehrh.

과명: Caryophyllaceae (석죽과) 속명: *Stellaria* (별꽃속)

다년생 초본 식물로 높이는 5~14cm이며 줄기는 얇고 털은 없다. 잎맥은 망상맥이고 엽병이 없으
며 난형 혹은 피침형이다. 꽃은 5수성 이상으로 단생하며 개화기는 5~6월 경이다.

분포지: Khubsgul, Khentei, Khangai, Mongol-Daurian, Great Khingan, Khobdo, Mongolian Altai,
Middle Khalkha, East Mongolia, Depression of Great Lakes, Valley of Lakes,
Dzungarian Gobi

Stellaria dichotoma L

과명: Caryophyllaceae (석죽과) 속명: Stellaria (별꽃속)
다년생 초본 식물로 높이는 15~30cm로 전초가 털로 덮여 있다. 잎은 평행맥으로 마주나며 꽃은 5수성
이상으로 취산화서로 나며 개화기는 5~6월 경이다.

분포지: Khubsgul, Khentei, Khangai, Mongol-Daurian, Great Khingan, Mongolian Altai, East Mongolia,
Depression of Great Lakes

뻐국채 *Stemmacantha uniflora* (L.) Dittrich

과명: Asteraceae (개미취과) 속명: *Stemmacantha* (뻐꾹채속)

다년생 초본 식물로 크기는 20~70cm 정도 자란다. 전초에 흰 잔털로 덮여 있으며 잎맥은 망상맥으로 중앙맥이 두드러 진다. 잎모양은 긴 타원형 또는 선형모양이며 잎 가장자리에는 뾰족한 결각이 있으며 물결친다. 꽃은 국화꽃형으로 보라색으로 핀다. 개화기는 7~8월 경이다.

분포지: Mongol–Daurian, Khobdo, Depression of Great Lakes

피뿌리풀 *Stella chamejasme* L.

과명: Thymelaeaceae (팥꽃나무과) 속명: *Stellera* (피뿌리속)

다년생 초본 식물로 높이는 30~40cm이다. 잎맥은 평행맥으로 호생하며 바소꼴이다. 가장자리는 밋밋하고 표면은 녹색이고 뒷면은 푸른빛이 도는 회색이다. 양면 모두 털이 없고 잎자루는 아주 짧다. 꽃은 분꽃형으로 끝에 5장 이상의 잎이 있으며 붉은색이다. 원줄기 끝에 15~22개가 모여 달리며 개화기는 6~7월 경이다.

분포지: Khubsgul, Khentei, Khangai, Mongol–Daurian, Great Khingan, Mongolian Altai, East Mongolia, Depression of Great Lakes

쑥국화 *Tanacetum vulgare* L.

과명: Asteraceae (국화과) 속명: *Tanacetum* (쑥국화속)

다년생 초본 식물로 높이는 30~150cm이며 직립경이고 단생하며 가지가 적다. 잎맥은 망상맥이고 소엽의 가장자리는 톱니모양으로 결각이 두드러진다. 꽃은 국화꽃형이며 두상화서가 산방 혹은 복산방화서로 달린다. 개화기는 6~8월 경이다.

분포지: Khubsgul, Khentei, Khangai, Mongol–Daurian, Great Khingan, Khobdo, Mongolian Altai

Taraxacum bicorne Dahlst.

과명: Asteraceae (국화과) **속명:** *Taraxacum* (민들레속)

다년생 초본 식물로 키는 10cm 정도 자라며 로젯트형으로 생육한다. 잎맥은 망상맥이고 피침형 또는 긴 타원형으로 생겼으며 잎 가장자리에 결각이 두드러진다. 꽃은 국화꽃형으로 피며 근경에서 신장해서 한 송이씩 핀다. 꽃색은 미색이며 개화기는 4~7월 경이다.

분포지: Great Khingan, Mongolian Altai, East Mongolia, Depression of Great Lakes, Valley of Lakes, East Gobi, Gobi–Altai, Dzungarian Gobi , Transaltai Gobi, Alashan Gobi

Tephroseris palustris (L.) Rchb.

과명: Asteraceae (국화과) **속명:** *Tephroseris* (테프로세리스속)

1년생 혹은 2년생으로 때에 따라 다년생으로 자랄 수 있다. 크기는 15~150cm 정도 자란다. 잎맥은 망상맥으로 잎 모양은 장타원형이고 잎 표면에 잔털이 있다. 꽃은 국화꽃형으로 노란색 두상화가 산형으로 모여 핀다. 개화기는 6~7월 경이다.

분포지: Khubsgul, Khentei, Khangai, Mongol–Daurian, Great Khingan, Khobdo, Mongolian Altai, Middle Khalkha East Mongolia, Gobi–Altai

Tephroseris praticola (Schischk. & Serg.) Holub

과명: Asteraceae (국화과) 속명: *Tephroseris* (테프로세리스속)

다년생 초본 식물로 높이는 20~40cm 정도 자란다. 분지가 일어나지 않으며 줄기경이 짧고 밀생하며 단생한다. 잎맥은 망상맥이며 잎 모양은 난형으로 생겼으며 털은 없다. 꽃은 국화꽃형으로 화관은 노란색이며 털은 없고 꽃의 모양은 피침형이다. 개화기는 6~7월 경이다.

분포지: Khubsgul, Khentei, Khangai, Mongolian Altai

Thalictrum foetidum L.

과명: Ranunculaceae (미나리아재비과) 속명: *Thalictrum* (꿩의다리속)

다년생 초본 식물로 높이는 20~50cm 정도 자란다. 잔뿌리가 많으며 줄기에는 털이 없다. 잎맥은 장상복맥이며 소엽은 난형 또는 원형이다. 꽃은 5수성 이상이며 개화기는 6~7월 경이다.

분포지: Khubsgul, Khentei, Khangai, Mongol−Daurian, Khobdo, Mongolian Altai, Middle Khalkha, East Mongolia, Depression of Great Lakes, Gobi−Altai, Dzungarian Gobi

긴제비꿀 *Thesium refractum* C. A. Mey.

과명: Santalaceae (단향과) 속명: *Thesium* (제비꿀속)

다년생 초본 식물로 높이는 10~30cm 정도 자란다. 다른 식물의 뿌리에 기생하여 보통 한 곳에서 여러 대가 자란다. 포기 전체에 털이 없고 흰빛을 띤다. 잎맥은 평행맥으로 어긋나고 윗부분은 2~3갈래로 완전히 갈라진다. 갈래조각은 끝이 뾰족하고 가장자리가 밋밋하다. 빛깔은 흰빛이 도는 녹색이다. 꽃은 5수성 이상으로 양성화로서 잎겨드랑이의 짧은 가지 끝에 엷은 녹색으로 핀다. 개화기는 6월 경이다.

분포지: Khubsgul, Khentei, Khangai, Mongol–Daurian, Great Khingan, Khobdo, Mongolian Altai Middle Khalkha, East Mongolia, Depression of Great Lakes, Gobi–Altai

Thymus gobicus Czern.

과명: Lamiaceae (꿀풀과) 속명: *Thymus* (백리향속)

다년생 초본 식물로 줄기가 포복하며 자란다. 줄기의 형태가 또렷하지 않은 사각형이다. 식물이
포복형으로 낮게 자라며 사방으로 뻗어 나간다. 곧은 뿌리가 나지막이 자란다. 잎맥은 망상맥으로
긴 타원형이다. 꽃은 불규칙 합판화형으로 연한 보라 또는 분홍색을 띠며 개화기는 6～8월 경이다.

분포지: Khentei, Khangai, Mongol–Daurian, Mongolian Altai, Middle Khalkha, East Mongolia,
Depression of Great Lakes, Valley of Lakes, Gobi–Altai

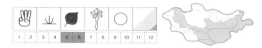

모래지치 *Tournefortia sibirica* L.

과명: Boraginaceae (지치과) **속명:** *Tournefortia* (모래지치속)

다년생 초본 식물로 높이는 25~40cm이다. 줄기는 가지가 많이 갈라지고 전 줄기에 하얀색 털이 났다. 잎맥은 망상맥으로 호생하며 두껍고 주걱 모양이며 가장자리가 밋밋하다. 잎 양면에 털이 많다. 꽃은 분꽃형으로 5~6월에 흰색 또는 미색으로 피며 가지 끝과 위쪽 잎겨드랑이의 취산꽃 차례에 달리고 향기가 있다.

분포지: Great Khingan, Middle Khalkha, East Mongolia, Depression of Great Lakes, Valley of Lakes, East Gobi, Gobi–Altai, Alashan Gobi

Tragopogon trachycarpus S. Nikit.

과명: Asteraceae (국화과) **속명:** *Tragopogon* (쇠채아재비속)

2~3년생 초본 식물로 키는 40~80cm 가량 자란다. 줄기를 자르면 유백색의 즙이 나온다. 잎맥은 망상맥이며 잎 모양은 피침형 또는 선형이다. 꽃은 국화꽃형이며 꽃색은 연한 황색으로 핀다. 개화기는 7~8월 경이다.

분포지: Khentei, Khangai, Mongol-Daurian, Great Khingan, Mongolian Altai, Middle Khalkha, Gobi-Altai

남가새 *Tribulus terrestris* L.

과명: Zygophyllaceae (남가새과) 속명: *Tribulus* (남가새속)

1년생 초본 식물로 크기는 20~60cm 정도 자란다. 잎맥은 우상복맥이며 소엽은 장타원형으로 생겼다. 꽃은 5수성 이상으로 노란색으로 띠며 개화기는 6~8월 경이다. 알칼리 토양의 모래바닥 또는 관개수로 주변에 자생한다.

분포지: Khangai, Great Khingan, Khobdo, Mongolian Altai, Middle Khalkha, East Mongolia, Depression of Great Lakes, Valley of Lakes, East Gobi, Gobi-Altai, Dzungarian Gobi, Transaltai Gobi, Alashan Gobi

참기생꽃 *Trientalis europaea* L.

과명: Primulaceae (앵초과) **속명:** *Trientalis* (기생꽃속)

다년생 초본 식물로 키는 5~25cm 정도 자란다. 보통 3~5장 정도의 잎이 나며 잎맥은 망상맥으로 잎 모양은 도란형 또는 타원형으로 생겼다. 꽃은 5수성 이상으로 흰색으로 피며 개화기는 6월 경이다.

분포지: Khubsgul, Khentei, Khangai, Mongol–Daurian, Great Khingan

달구지풀 *Trifolium lupinaster* L.

과명: Fabaceae (콩과) **속명**: *Trifolium* (토끼풀속)

다년생 초본 식물로 높이는 30~60cm이다. 줄기는 모여 나며 비스듬히 서고 잎은 호생하며 보통 작은 잎 3~7장이 우상복맥으로 열린다. 작은 잎은 피침형 또는 긴 타원형이며 끝이 뾰족하고 가장자리에 잔 톱니가 있다. 턱잎은 잎자루에 붙어서 줄기를 감싸며 막질이다. 꽃은 접형화관으로 5~20개씩 나며 붉은 보라색으로 핀다. 개화기는 6~10월 경이다.

분포지: Khubsgul, Khentei Khangai, Mongol-Daurian, Great Khingan, Khobdo, Mongolian Altai, Middle Khalkha, East Mongolia

금매화 *Trollius ledebourii* Reichenb.

과명: Ranunculaceae (미나리아재비과) **속명:** *Trollius* (금매화속)

다년생 초본 식물로 높이는 40~100cm 정도 자란다. 줄기는 곧추서고 가지를 치며 근생잎은 장상맥으로 잎자루가 길며 줄기 잎은 위로 갈수록 잎자루가 짧아진다. 잎 몸은 원형으로 3갈래로 아래 부분까지 갈라지며 끝은 뾰족하고 가장자리는 불규칙한 톱니 모양이다. 꽃은 5수성 이상으로 줄기와 가지 끝에서 1개씩 피고 노란색이다. 꽃받침 잎은 5장이고 타원형이다. 꽃잎은 8~22장이며 수술보다 길다. 개화기는 6~7월 경이다.

분포지: Khentei, Khangai, Mongol-Daurian, Great Khingan, East Mongolia

가는잎쇄기풀 *Utrica angustifolia* Fisch. ex Hornem.

과명: Urticaceae (쐐기풀과) 속명: *Urtica* (쐐기풀속)

다년생 초본 식물로 높이는 40~150cm 정도 자란다. 뿌리는 목질로 되어 있다. 아래 부분이 발달되어 있으며 분지를 하거나 분지를 하지 않는다. 잎은 피침형 혹은 난형이다. 꽃은 4수성으로 원추화서로 피며 난형이다. 개화기는 6~8월 경이다.

분포지: Khubsgul, Khentei, Khangai, Mongol—Daurian, Great Khingan, Mongolian Altai, East Mongolia, Depression of Great Lakes

Urtica cannabina L.

과명: Urticaceae (쐐기풀과) **속명**: *Urtica* (쐐기풀속)

다년생 초본 식물로 줄기는 목질이며 50~150cm까지 자란다. 입맥은 망상맥이고 타원형이며 잎 가장자리에 예리한 잔가시가 나있다. 꽃은 4수성이며 자웅동주로 원추화서로 핀다. 개화기는 7~8월 경이다.

분포지: Khentei, Khangai, Mongol-Daurian, Great Khingan, Khobdo, Mongolian Altai, Middle Khalkha, East Mongolia, Depression of Great Lakes East Gobi, Gobi-Altai, Dzungarian Gobi

통발 *Utricularia australis* R. Br.

과명: Lentibulariaceae (통발과) 속명: *Utricularia* (통발속)

다년생 초본 식물로 물에서 사는 식충식물이다. 뿌리가 없이 물 위에 떠서 자라며 줄기가 조금 뻣뻣하다. 잎은 호생하며 우상으로 가늘게 여러 번 갈라지며 갈라진 조각은 뾰족한 거치가 있고 포충낭이 되어 벌레를 잡는다. 꽃은 제비꽃형으로 꽃자루가 물위로 나와 4~7개의 꽃이 노란색으로 피며 총상화서를 이룬다. 개화기는 6~11월 경이다.

분포지: Depression of Great Lakes, Dzungarian Gobi

들쭉나무 *Vaccinium uliginosum* L.

과명: Ericaceae (진달래과) **속명:** *Vaccinium* (산앵두나무속)

다년생 낙엽 소관목으로 가지는 갈색으로 어린 가지에 잔털이 없는 것도 있다. 높이는 1m 정도이다. 잎맥은 망상맥으로 호생하며 달걀 모양 원형, 달걀을 거꾸로 세운 듯한 모양, 타원형이다. 잎 앞면은 녹색이 고 뒷면은 녹색이 도는 흰색이며 털과 톱니는 없다. 꽃은 종형으로 지난해 가지 끝에 녹색이 도는 흰색으 로 1~4개씩 달린다. 개화기는 6~7월 경이다.

분포지: Khubsgul, Khentei Khangai, Mongol–Daurian, Khobdo

월귤 *Vaccinium vitis-idaea* L.

과명: Ericaceae (진달래과) 속명: *Vaccinium* (산앵두나무속)

다년생 상록 활엽 소관목으로 수고 20~30cm이고 가지는 가늘며 회갈색을 띠고 어린가지에는 털이 있다. 잎맥은 망상맥이고 호생하며 끝이 둔한 달걀모양 또는 거꾸로 된 달걀모양으로 가장자리가 밋밋하다. 가죽질로 잎의 앞면은 광택이 있으며 뒷면에는 끝이 오목하게 들어가고 검은 점이 있다. 꽃은 종형으로 흰색 또는 옅은 분홍색으로 2~3개씩 총상화서로 피고 가지의 윗부분 잎겨드랑이에 달린다. 개화기는 6~7월 경이다.

분포지: Khubsgul, Khentei Khangai Mongol-Daurian, Great Khingan, Khobdo

Valeriana alternifolia Ledeb.

과명: Valerianaceae (마타리과) **속명:** *Valeriana* (쥐오줌풀속)

다년생 초본 식물로 키는 30~80cm 정도 자란다. 처음엔 근생엽이 자라다가 개화기가 되면 근생엽은 없어
지고 경생엽이 자란다. 입맥은 망상맥으로 경생엽은 대생하고 우상복엽으로 5~7개로 갈라지며 열편에
거치가 있다. 꽃은 5수성으로 가지끝과 원줄기 끝에 산방상으로 달리고 화관은 5개로 갈라지며 화통이
5~7mm로 한쪽이 약간 부풀고 3개의 수술이 길게 꽃 밖으로 나온다. 꽃색은 연한 붉은색으로 피며 차차
흰색에 가까워 지며 개화기는 7~8월 경이다.

분포지: Khubsgul, Khentei, Khangai, Mongol–Daurian, Great Khingan, Khobdo, East Mongolia

| | | | | | | | | | | | |
|1|2|3|4|5|6|7|8|9|10|11|12|

갈퀴나물 *Vicia amoena* Fisch.

과명: Fabaceae (콩과) **속명:** *Vicia* (나비나물속)

다년생 초본 식물로 덩굴성이며 높이는 30~100cm 정도 자란다. 줄기는 길이 1~2m로 능선이 있고 네모지며 가늘고 길게 덩굴진다. 잎맥은 우상복맥으로 호생하며 잎자루가 거의 없다. 작은 잎은 5~7쌍이 마주 붙거나 어긋나게 붙으며 끝은 2~3개로 갈라진 덩굴손이 된다. 꽃은 접형화관이며 총상꽃차례로 잎겨드랑이에서 붉은 자주색의 꽃이 나오고 꽃자루가 길며 많은 꽃송이가 한 방향으로 핀다. 개화기는 4~6월 경이다.

분포지: Khubsgul, Khentei, Khangai, Mongol–Daurian Great Khingan, Mongolian Altai, Middle Khalkha, East Mongolia

나비나물 *Vicia unijuga* A. Br.

과명: Fabaceae (콩과) **속명:** *Vicia* (나비나물속)

다년생 초본 식물로 높이는 40~100cm 정도 자란다. 뿌리는 목질이며 주근은 8~9cm 이다. 줄기는 곧게 서거나 비스듬히 기울어져 자라며 높이 50cm에 이른다. 줄기는 모가 져 있고 딱딱하며 한 자리에서 여러 개의 줄기가 자라난다. 잎맥은 우상복엽으로 대생하며 한 자리에 2장씩 나며 달걀형이다. 꽃은 접형화관 으로 아래로부터 차례로 올라가며 붉은색으로 핀다. 개화기는 6~7월 경이다.

분포지: Khubsgul, Khentei, Khangai, Mongol–Daurian, Great Khingan, Khobdo Mongolian Altai, Middle Khalkha

장백제비꽃 *Viola biflora* L.

과명: Violaceae (제비꽃과) **속명:** *Viola* (제비꽃속)

다년생 초본 식물로 뿌리는 짧게 옆으로 뻗으며 줄기는 몇 개가 나와 곧게 서며 털은 거의 없다. 잎은 망상맥으로 대생하며 가장자리엔 둔한 톱니가 있고 앞면에는 연한 털이 있다. 꽃은 제비꽃형으로 줄기 위쪽의 잎겨드랑이에서 나온 꽃대에 1개씩 노란색 꽃이 핀다. 개화기는 5~9월 경이다.

분포지: Khubsgul, Khentei, Khangai

Zygophyllum xanthoxylon (Bunge) Maxim.

과명: Zygophyllaceae (남가새과) 속명: *Zygophyllum* (지고필룸속)

다년생 관목 식물로 크기는 50~100cm 정도 자란다. 잎맥은 우상복맥으로 두장씩 마주나며 소엽의 모양은 타원형 또는 선형으로 생겼다. 꽃은 새가지 사이에서 5수성 이상으로 황색으로 피며 꽃이 진후 연녹색으로 날개 달린 열매가 달린다.

분포지: Mongolian Altai, Depression of Great Lakes, Valley of Lakes, East Gobi, Gobi-Altai, Dzungarian Gobi, Transaltai Gobi, Alashan Gobi

Zygophyllum gobicum Maxim.

과명: Zygophyllaceae (남가새과) **속명:** *Zygophyllum* (지고필룸속)

다년생 초본 식물로 크기는 10~20cm 정도 자란다. 잎맥은 우상복맥이며 소엽은 타원형 또는 장타원형으로 생겼으며 다육질이다. 꽃은 잎겨드랑이에서 나와 5수성 이상으로 6월 경에 피며 황색바탕에 흰색으로 핀다. 꽃이 진후 연녹색으로 날개 달린 열매가 달린다.

분포지: Transaltai Gobi

찾아보기 Index

찾아보기 Index

대표 저자 약력

권용진 權龍塡, 이학석사(1971. 5. 20)
삼육대학교 원예학과(이학사)
서울시립대학교 산업대학원 환경원예학과(이학사)
삼육대학교 환경원예학과 박사수료
삼육대학교 자연과학연구소 연구원
아침고요수목원 식물연구부 부장
느랭이골 자연리조트 정원총괄부장
식물원수목원협회 기관지「푸른누리」편집위원
사단법인 식물원수목원협회 우수가드너상 수상(2012. 2. 15)
저서
2011. 11. 20「한국재배식물」공동저자
2014. 11. 13「유용자원식물의 증식 및 재배 지침서」참여연구진

공동저자

남상용 南相用(1961.11. 20)
서울대학교 농학 학, 석, 박사졸업
삼육대학교 환경원예학과 교수
삼육대학교 자연과학연구소 소장
경기도 농업기술원 심사위원장
경기도 선인장 특화작목산학연 협력단장
노원친환경첨단시설 사업단장
노원—삼육에코팜센터 CEO(삼육대식물공장)

송윤진 宋尹辰(1993. 9. 25)
삼육대학교 환경원예학과 학사재학

감수

장진성
서울대학교 농업생명과학대학 산림과학부 교수

정재민
국립수목원 산림생물조사과

참고문헌

1. Michael H. Hauck, Zeerd-Aduuchid B. Solongo. 「Flower of Mongolia」 2010.
2. 「Clarification of Mongolian Majority Plants」 2012.
3. 이상명외. 「몽골식물도감」 2013.
4. 이창복. 「대한식물도감」 2014.
5. 이영로. 「한국식물도감」 2012.
6. 최기학, 김종근, 이정관, 정우철. 「태안반도의 식물」 디자인포스트. 2006.
7. 「Virtual Flora of Mongolia」 (http://grief.uni-greifwald.de/floragrief)
8. RHS. 「RHS Plant Fider」 2015.
9. IPNI (International Plant Name Index; www. ipni.org)
10. 「국가표준식물목록」 Korean Plants Names Index Committee. 2015.
11. 장진성 「한국의 동식물 도감 제43권 식물편」 교육부. 디자인포스트. 2012.

인용문헌

1. 강우창. 한국식물원수목원협회 「푸른누리」 세계식물기행 (2010. 겨울호. 2011. 봄호. 여름호)

고비사막조사에 함께한
후레대학팀들과 기념촬영

고비사막의 얼음골 탐방중

고비사막함께한 김경호 동료

고비사막

고비사막 사구에서

도자우기사 여름집앞에서

비타민나무 자생지 조사중

Saussurea involuct

오브스호수가는 길에 초원에서
식물조사와 점심식사

알탕보르가산 조사후 기념촬영

알타이산맥조사중 현지인과 한컷

러시아국경에서 몽골군인들과 함께

초원에서 접사촬영중

알타이산맥에서
Saussurea involucrata 촬영중

알타이산맥에서 만난
현지인과 담화

몽골의 자생식물

Wild Plants of Mongolia

초판 1쇄 인쇄 : 2015. 11
초판 1쇄 발행 : 2015. 11

지은이 : 권용진, 남상용, 송윤진
펴낸이 : 김은경
펴낸곳 : 디자인포스트
출판등록번호 : 406-2012-000028
주소 : 경기도 고양시 일산동구 정발산동 708-4
전화 : 031-916-9516
팩스 : 031-696-5517
E-mail : post0036@naver.com

ISBN 978-89-968648-5-1 06480

정가 40,000원

값:40,000원
06480

9 788996 864851
ISBN 978-89-968648-5-1